JN079488

技術士第二次試験

「電気電子部門」過去問題

〈論文試験たっぷり100問〉の要点と万全対策

福田 遵 [著]

新制度
対応

日刊工業新聞社

はじめに

　技術士第二次試験は定期的に出題形式を変える試験で、最近の改正だけを挙げても、平成19年度試験、平成25年度試験、令和元年度試験で大きな変更を行っています。現在の試験制度では、すべての試験科目で記述式の問題が出題されており、技術士試験が始まった最初の形式に戻ったといえます。また、「技術士に求められる資質能力（コンピテンシー）」が公表され、この評価項目に基づいて解答した内容が判定されるようになりました。

　記述式問題というと、指定された文字数を書き上げれば合格点に達するのではないかという、安易な考えで筆記試験に臨む受験者も中にはいますが、技術士第二次試験はそんなに生易しい試験ではありません。技術士第二次試験は、最近注目されている社会情勢や技術動向を理解して、技術者としてしっかりした意見を持っていなければ高い評価が得られない試験です。そういった内容を漠然と探したとしても、効率的な勉強はできません。効率的にポイントとなる事項を理解して、集中的にその内容を吸収していく勉強法が求められます。それを実現するのが問題研究です。

　本著では、各選択科目を受験する読者に、過去問題と練習問題を合わせて100問余を提供しています。これらの問題に対して、ただ単に、「こういった問題が出題されたのか」という感想を持つだけでなく、次のようなポイントを理解して、自分で調べたり、実際に書いてみると、効果的な勉強ができると考えます。

　①　どういった内容が出題されるか

　②　どういった事項を問うているのか

　③　どういった解答プロセスを身につけなければならないか

　④　評価項目と小設問の関係について

　⑤　問題文に隠れた意図をどう探るか

　⑥　課題とは何か

　⑦　普段からどういった視点（観点）を持たなければならないか

　本著を生かして勉強するためには、100問余の問題すべてに対して、記述すべき項目を書き出してみる「項目立て」をしてみてください。単に問題文だけを読むのでは、出題の意図を見つけ出すことはできません。著者は、30年近くにわたって数百名の受験者を指導してきました。その多くは、当初、問題文の本質を理解しないままに解答を書き出してしまう受験者でした。それでは何年受験しても合格は勝ち取れません。試験問題の項目立てをしてもらうと、出題意図を理解しているかどうかはすぐにわかります。そういった指導を続けていくと、多くの受講者は、問題文の読み方や技術士として求められている本質が何かをつかんできます。そうすると、解答内容が大きく変化していきます。そうなった受講者は、必ず合格を勝ち取ります。

　こういった指導を、著者は、「試験問題100本ノック方式」として多くの受講者に実践してもらいました。それを書籍で実現しようというのが本著のねらいです。読者は、その目的を理解して、「項目立て」をしながら、内容的に理解できない事項を自分で調べ、調べた内容を1つのファイルに項目別に整理する方式で、自分独自の「技術士試験サブノート」を作ってみてください。このサブノートがファイル1冊程度になってくると、知識の面でも充実していき、問題文を解析する能力もついてきますので、合格可能性はずっと高まっていきます。こういった勉強は、技術士に求められている継続研さんの基礎となります。このように、合格できる条件が、継続する力だという認識を持ってもらいたいと考えます。過去の技術士第二次試験は、運と実力が共に必要であった試験でしたが、現在の技術士第二次試験は、技術者が本来持つべき能力があれば、誰でも合格できる試験になっています。そのため、「本来、技術者に求められていることは何か？」という原点に立ち返って勉強してもらえれば、技術士への道は開けます。

　最後に、本著の企画を提案していただいた日刊工業新聞社出版局の鈴木徹氏、および本著と共に、機械部門と建設部門とのシリーズ化に賛同していただいた、機械部門の大原良友氏と建設部門の羽原啓司氏に対しこの場を借りてお礼を申し上げます。

　2019年12月

福　田　　遵

目　次

iii

おわりに

第1章

技術士第二次試験について

　技術士第二次試験は、昭和33年に試験制度が創設されて以来、記述式問題が評価の中心となる試験です。平成12年度試験までの解答文字数は12,000字でしたが、その後の3回の改正で徐々に解答文字数が削減され、平成25年度の試験改正では4,200字まで削減されました。それが、令和元年度の改正で必須科目（Ⅰ）の択一式問題が記述式問題に変更されたため、5,400字と増加しています。また、過去の出題では思いがけないテーマが出題されていた時期もありましたが、そういった出題はなくなり、納得のいくテーマが選定されるようになりました。そのため、問題の当たりはずれによる不合格がなくなり、日頃、社会情勢や技術動向に興味を持って勉強してさえいれば、答案が作成できる内容になってきています。そういった点で、技術士になれる機会は高まっていると考えられますが、問題の要点をつかんでいない受験者は、このチャンスを生かせません。要点をつかむ方法として、過去に出題された問題を研究し、そこで求められている内容や、解答のプロセスを理解する方法があります。そういった勉強法を実現するために、本著を活用してもらえればと考えます。

1. 技術士とは

　技術士第二次試験は、受験者が技術士となるのにふさわしい人物であるかどうかを選別するために行われる試験ですので、まず目標となる技術士とは何かを知っていなければなりませんし、技術士制度についても十分理解をしておく必要があります。

　技術士法は昭和32年に制定されましたが、技術士制度を制定した理由としては、「学会に博士という最高の称号があるのに対して、実業界でもそれに匹敵する最高の資格を設けるべきである。」という実業界からの要請でした。この技術士制度を、公益社団法人日本技術士会で発行している『技術士試験受験のすすめ』という資料の冒頭で、次のように示しています。

> 技術士制度とは
> 　技術士制度は、「科学技術に関する技術的専門知識と高等の専門的応用能力及び豊富な実務経験を有し、公益を確保するため、高い技術者倫理を備えた、優れた技術者の育成」を図るための国による技術者の資格認定制度です。

　次に、技術士制度の目的を知っていなければなりませんので、それを技術士法の中に示された内容で見ると、第1条に次のように明記されています。

> 技術士法の目的
> 　「この法律は、技術士等の資格を定め、その業務の適正を図り、もって科学技術の向上と国民経済の発展に資することを目的とする。」

　昭和58年になって技術士補の資格を制定する技術士法の改正が行われ、昭和

59年からは技術士第一次試験が実施されるようになったため、技術士試験は技術士第二次試験と改称されました。しかし、当初は技術士第一次試験に合格しなくても技術士第二次試験の受験ができましたので、技術士第一次試験の受験者が非常に少ない時代が長く続いていました。それが、平成12年度試験制度改正によって、平成13年度試験からは技術士第一次試験の合格が第二次試験の受験資格となりました。その後は二段階選抜が定着して、多くの若手技術者が早い時期に技術士第一次試験に挑戦するという慣習が広がってきています。

次に、技術士とはどういった資格なのかについて説明します。その内容については、技術士法第2条に次のように定められています。

技術士とは

「技術士とは、登録を受け、技術士の名称を用いて、科学技術（人文科学のみに係るものを除く。）に関する高等の専門的応用能力を必要とする事項についての計画、研究、設計、分析、試験、評価又はこれらに関する指導の業務（他の法律においてその業務を行うことが制限されている業務を除く。）を行う者をいう。」

技術士になると建設業登録に不可欠な専任技術者となるだけではなく、各種国家試験の免除などの特典もあり、価値の高い資格となっています。具体的に、電気電子部門の技術士に与えられる特典には、次のようなものがあります。

　①建設業の専任技術者
　②建設業の監理技術者
　③建設コンサルタントの技術管理者
　④鉄道の設計管理者
　⑤労働計画期間の特例

その他に、以下の国家試験で一部免除があります。

　①弁理士
　②労働安全コンサルタント
　③電気工事施工管理技士

④消防設備士

　また、技術士には名刺に資格名称を入れることが許されており、ステータスとしても高い価値を持っています。技術士の英文名称はProfessional Engineer, Japan（PEJ）であり、アメリカやシンガポールなどのPE（Professional Engineer）資格と同じ名称になっていますが、これらの国のように業務上での強い権限はまだ与えられていません。しかし、実業界においては、技術士は高い評価を得ていますし、資格の国際化の面でも、APECエンジニアという資格の相互認証制度の日本側資格として、一級建築士とともに技術士が対象となっています。

2. 技術士試験制度について

(1) 受験資格

　技術士第二次試験の受験資格としては、技術士第一次試験の合格が必須条件となっています。ただし、認定された教育機関（文部科学大臣が指定した大学等）を修了している場合は、第一次試験の合格と同様に扱われます。文部科学大臣が指定した大学等については毎年変化がありますので、公益社団法人日本技術士会ホームページ（http://www.engineer.or.jp）で確認してください。技術士試験制度を図示すると、図表1.1のようになります。本著では、電気電子部門の受験者を対象としているため、総合技術監理部門についての受験資格は示しませんので、総合技術監理部門の受験者は受験資格を別途確認してください。

【技術士試験の仕組み】

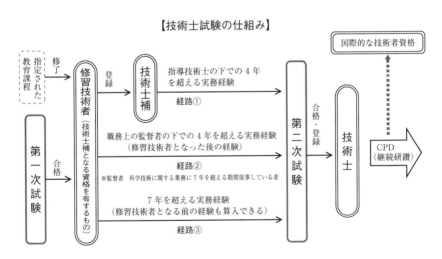

図表1.1　技術士試験の全容

　受験資格としては、修習技術者であることが必須の条件となります。それに加えて、次の3条件のうちの1つが当てはまれば受験は可能となります。

① 技術士補として登録をして、指導技術士の下で4年を超える実務経験を経ていること。

② 修習技術者となって、職務上の監督者の下で4年を超える実務経験を経ていること。

　（注）職務上の監督者には、企業などの上司である先輩技術者で指導を行っていれば
　　　問題なくなれます。その際には、監督者要件証明書が必要となりますので、受験
　　　申込み案内を熟読して書類を作成してください。

③ 技術士第一次試験合格前も含めて、7年を超える実務経験を経ていること。

　技術士第二次試験を受験する人の多くは、技術士第一次試験に合格し、経験年数7年で技術士第二次試験を受験するという③のルートです。このルートの場合には、経験年数の7年は、技術士第一次試験に合格する以前の経験年数も算入できますし、その中には大学院の課程での経験も2年間までは含められますので、技術士第一次試験合格の翌年にも受験が可能となる人が多いからです。

(2) 技術部門

　技術士には、図表1.2に示す21の技術部門があり、それぞれの技術部門で複数の選択科目が定められています。技術士第二次試験は、その選択科目ごとに試験が実施されます。選択科目は、令和元年度から図表1.2に示すように多くの技術部門で減少しています。

　この中で、21番目の技術部門である総合技術監理部門では、その他20の技術部門の選択科目に対応した69の選択科目が設定されており、実質上、各技術部門の技術士の中でさらに経験を積んで、総合的な視点で監理ができる技術士という位置づけになっています。受験資格でも、他の技術部門よりも長い経験年数が設定されていますし、国土交通省関連の照査技術者は、総合技術監理部門以外の技術部門合格者ではなれなくなりました。そのため、技術士になった人

図表1.2 技術士の技術部門と選択科目

No.	技術部門	選択科目数	減少数
1	機械	6	▲4
2	船舶・海洋	1	▲2
3	航空・宇宙	1	▲2
4	電気電子	5	0
5	化学	4	▲1
6	繊維	2	▲2
7	金属	3	▲2
8	資源工学	2	▲1
9	建設	11	0
10	上下水道	2	▲1
11	衛生工学	3	▲2
12	農業	5	▲2
13	森林	3	▲1
14	水産	3	▲1
15	経営工学	2	▲3
16	情報工学	4	0
17	応用理学	3	0
18	生物工学	2	▲1
19	環境	4	0
20	原子力・放射線	3	▲2
21	総合技術監理	69	▲27

の多くは、最終的に総合技術監理部門の試験を受験しています。

(3) 電気電子部門の選択科目

　電気電子部門の選択科目は5つあり、その内容は令和元年度試験より図表1.3のように改正されました。

図表1.3　電気電子部門の選択科目

選択科目	選択科目の内容
電力・エネルギーシステム	発電設備、送電設備、配電設備、変電設備その他の発送配変電に関する事項 電気エネルギーの発生、輸送、消費に係るシステム計画、設備計画、施工計画、施工設備及び運営関連の設備・技術に関する事項
電気応用	電気機器、アクチュエーター、パワーエレクトロニクス、電動力応用、電気鉄道、光源・照明及び静電気応用に関する事項 電気材料及び電気応用に係る材料に関する事項
電子応用	高周波、超音波、光、電子ビームの応用機器、電子回路素子、電子デバイス及びその応用機器、コンピュータその他の電子応用に係るシステムに関する事項 計測・制御全般、遠隔制御、無線航法等のシステム及び電磁環境に関する事項 半導体材料その他の電子応用及び通信線材料に関する事項
情報通信	有線、無線、光等を用いた情報通信（放送を含む。）の伝送基盤及び方式構成に関する事項 情報通信ネットワークの構成と制御（仮想化を含む。）、情報通信応用とセキュリティに関する事項 情報通信ネットワーク全般の計画、設計、構築、運用及び管理に関する事項
電気設備	建築電気設備、施設電気設備、工場電気設備その他の電気設備に係るシステム計画、設備計画、施工計画、施工設備及び運営に関する事項

(4) 合格率

　受験者にとって心配な合格率の現状について示しますが、電気電子部門の場合には、令和元年度試験改正で、「発送配変電」の名称が「電力・エネルギーシステム」に変更された程度の変化ですので、それを前提に下記の図表を見てください。技術士第二次試験の場合には、途中で棄権した人も欠席者扱いになりますので、合格率は「対受験者数比」（図表1.4）と「対申込者数比」（図表1.5）で示します。「対受験者数比」の数字を見ても厳しい試験と感じますが、「対申込者数比」を見ると、さらにその厳しさがわかると思います。

　なお、この表で「技術士全技術部門平均」の欄は総合技術監理部門以外の技術部門の平均を示しています。総合技術監理部門の受験者は、技術士資格をすでに持っている人がほとんどですので、これよりも高い合格率になっています。しかし、技術士が受験者のほとんどとはいっても、合格率は少し高い程度でしかありません。

図表1.4　対受験者数比合格率

選択科目	平成30年度	平成29年度	平成28年度	平成27年度	平成26年度
発送配変電	13.9%	11.1%	12.6%	12.1%	15.6%
電気応用	13.0%	12.5%	14.5%	17.4%	23.4%
電子応用	14.6%	21.8%	24.0%	18.9%	14.9%
情報通信	12.3%	11.4%	11.6%	13.0%	13.3%
電気設備	12.4%	15.9%	14.2%	17.5%	14.9%
電気電子部門全体	12.9%	14.4%	14.3%	15.8%	15.8%
技術士全技術部門平均	9.5%	13.9%	14.5%	13.8%	14.7%

図表1.5　対申込者数比合格率

選択科目	平成30年度	平成29年度	平成28年度	平成27年度	平成26年度
発送配変電	12.1%	9.4%	10.8%	10.3%	13.1%
電気応用	10.5%	10.7%	12.1%	14.9%	19.5%
電子応用	13.3%	19.0%	20.5%	17.1%	12.7%
情報通信	10.2%	9.2%	9.8%	10.5%	10.6%
電気設備	9.8%	13.0%	11.3%	14.2%	12.1%
電気電子部門全体	10.6%	11.9%	11.8%	13.2%	12.9%
技術士全技術部門平均	7.5%	11.0%	11.5%	11.2%	11.2%

　このように、同じ選択科目であっても、試験年度によって合格率に差がありますので、自分が受験する選択科目の合格率の変化を参考にして勉強をしてください。なお、どの選択科目で合格しても電気電子部門の技術士として平等に扱われますので、受験する選択科目で悩んだ場合には、この合格率を参考にして選択科目を選ぶのもよいでしょう。

3. 技術士第二次試験の内容

　これまでの技術士第二次試験の改正は、受験者の負担を減らそうという目的で、筆記試験で記述させる文字数を減らす方向に進んできていました。令和元年度試験からは択一式問題がなくなり、必須科目（Ⅰ）でも記述式問題が出題されるようになったため、記述しなければならない文字数は増加しています。また、口頭試験に関しては、口頭試験の中で厳しい評価をしていた時期もありましたが、現在の口頭試験では主に受験者の適格性を判断する判定にとどめようとしています。

　それでは、個々の試験項目別に現在の試験制度を確認しておきましょう。

(1) 筆記試験の内容

　技術士試験では科目合格制を採用していますので、1つの科目で不合格となると、そこで不合格が確定してしまいます。具体的には、筆記試験の最初の科目である必須科目（Ⅰ）で合格点が取れないと、そこで不合格が確定してしまいますので、午前中の試験のでき具合が精神的に大きな影響を与えます。なお、午後の試験は、選択科目（Ⅱ）と選択科目（Ⅲ）にわけて問題が出題されますが、試験時間は両方を合わせて配分されていますし、選択科目の評価は、選択科目（Ⅱ）と選択科目（Ⅲ）の合計点でなされますので、2つの試験科目の合計点が合格ラインを上回ることを目標として試験に臨んでください。

(a) 技術士に求められる資質能力（コンピテンシー）

　令和元年度試験からは、各試験科目の評価項目が公表されていますが、その内容をコンピテンシーとして説明していますので、各試験科目で出題される内容を説明する前に、図表1.6の内容を確認しておいてください。

図表1.6　技術士に求められる資質能力（コンピテンシー）

専門的学識	・技術士が専門とする技術分野（技術部門）の業務に必要な、技術部門全般にわたる専門知識及び選択科目に関する専門知識を理解し応用すること。 ・技術士の業務に必要な、我が国固有の法令等の制度及び社会・自然条件等に関する専門知識を理解し応用すること。
問題解決	・業務遂行上直面する複合的な問題に対して、これらの内容を明確にし、調査し、これらの背景に潜在する問題発生要因や制約要因を抽出し分析すること。 ・複合的な問題に関して、相反する要求事項（必要性、機能性、技術的実現性、安全性、経済性等）、それらによって及ぼされる影響の重要度を考慮した上で、複数の選択肢を提起し、これらを踏まえた解決策を合理的に提案し、又は改善すること。
マネジメント	・業務の計画・実行・検証・是正（変更）等の過程において、品質、コスト、納期及び生産性とリスク対応に関する要求事項、又は成果物（製品、システム、施設、プロジェクト、サービス等）に係る要求事項の特性（必要性、機能性、技術的実現性、安全性、経済性等）を満たすことを目的として、人員・設備・金銭・情報等の資源を配分すること。
評価	・業務遂行上の各段階における結果、最終的に得られる成果やその波及効果を評価し、次段階や別の業務の改善に資すること。
コミュニケーション	・業務履行上、口頭や文書等の方法を通じて、雇用者、上司や同僚、クライアントやユーザー等多様な関係者との間で、明確かつ効果的な意思疎通を行うこと。 ・海外における業務に携わる際は、一定の語学力による業務上必要な意思疎通に加え、現地の社会的文化的多様性を理解し関係者との間で可能な限り協調すること。
リーダーシップ	・業務遂行にあたり、明確なデザインと現場感覚を持ち、多様な関係者の利害等を調整し取りまとめることに努めること。 ・海外における業務に携わる際は、多様な価値観や能力を有する現地関係者とともに、プロジェクト等の事業や業務の遂行に努めること。
技術者倫理	・業務遂行にあたり、公衆の安全、健康及び福利を最優先に考慮した上で、社会、文化及び環境に対する影響を予示し、地球環境の保全等、次世代にわたる社会の持続性の確保に努め、技術士としての使命、社会的地位及び職責を自覚し、倫理的に行動すること。 ・業務履行上、関係法令等の制度が求めている事項を遵守すること。 ・業務履行上行う決定に際して、自らの業務及び責任の範囲を明確にし、これらの責任を負うこと。
継続研さん	・業務履行上必要な知見を深め、技術を修得し資質向上を図るように、十分な継続研さん（CPD）を行うこと。

（b）必須科目（Ⅰ）

令和元年度試験からは、必須科目（Ⅰ）では、『「技術部門」全般にわたる専門知識、応用能力、問題解決能力及び課題遂行能力』を試す問題が記述式問題として出題されるようになりました。解答文字数は、600字詰用紙3枚ですので、1,800字の解答量になります。なお、試験時間は2時間です。問題の概念および出題内容と評価項目について図表1.7にまとめましたので、内容を確認してください。

図表1.7　必須科目（Ⅰ）の出題内容等

概　　念	**専門知識** 専門の技術分野の業務に必要で幅広く適用される原理等に関わる汎用的な専門知識
	応用能力 これまでに習得した知識や経験に基づき、与えられた条件に合わせて、問題や課題を正しく認識し、必要な分析を行い、業務遂行手順や業務上留意すべき点、工夫を要する点等について説明できる能力
	問題解決能力及び課題遂行能力 社会的なニーズや技術の進歩に伴い、社会や技術における様々な状況から、複合的な問題や課題を把握し、社会的利益や技術的優位性などの多様な視点からの調査・分析を経て、問題解決のための課題とその遂行について論理的かつ合理的に説明できる能力
出題内容	現代社会が抱えている様々な問題について、「技術部門」全般に関わる基礎的なエンジニアリング問題としての観点から、多面的に課題を抽出して、その解決方法を提示し遂行していくための提案を問う。
評価項目	技術士に求められる資質能力（コンピテンシー）のうち、専門的学識、問題解決、評価、技術者倫理、コミュニケーションの各項目

出題問題数は2問で、そのうちの1問を選択して解答します。

（c）選択科目（Ⅱ）

選択科目（Ⅱ）は、次に説明する選択科目（Ⅲ）と合わせて3時間30分の試験時間で行われます。休憩時間なしで試験が実施されますが、トイレ等に行きたい場合には、手を挙げて行くことができます。選択科目（Ⅱ）の解答文字数は、600字詰用紙3枚ですので、1,800字の解答量になります。

選択科目（Ⅱ）の出題内容は『「選択科目」についての専門知識及び応用能力』

を試す問題となっていますが、問題は、専門知識問題と応用能力問題にわけて
出題されます。

（i）選択科目（Ⅱ－1）

専門知識問題は、選択科目（Ⅱ－1）として出題されます。出題内容や
評価項目は**図表1.8**のようになっています。

図表1.8　専門知識問題の出題内容等

概　　念	「選択科目」における専門の技術分野の業務に必要で幅広く適用される原理等に関わる汎用的な専門知識
出題内容	「選択科目」における重要なキーワードや新技術等に対する専門知識を問う。
評価項目	技術士に求められる資質能力（コンピテンシー）のうち、専門的学識、コミュニケーションの各項目

専門知識問題は、1枚（600字）解答問題を1問解答する形式になってお
り、出題問題数は4問です。出題されるのは、「選択科目」に関わる「重要
なキーワード」か「新技術等」になります。解答枚数が1枚という点から、
深い知識を身につける必要はありませんので、広く浅く勉強していく姿勢
を持ってもらえればと思います。

（ⅱ）選択科目（Ⅱ－2）

応用能力問題は、選択科目（Ⅱ－2）として出題されます。出題内容や
評価項目は**図表1.9**のようになっています。

図表1.9　応用能力問題の出題内容等

概　　念	これまでに習得した知識や経験に基づき、与えられた条件に合わせて、問題や課題を正しく認識し、必要な分析を行い、業務遂行手順や業務上留意すべき点、工夫を要する点等について説明できる能力
出題内容	「選択科目」に関係する業務に関し、与えられた条件に合わせて、専門知識や実務経験に基づいて業務遂行手順が説明でき、業務上で留意すべき点や工夫を要する点等についての認識があるかどうかを問う。
評価項目	技術士に求められる資質能力（コンピテンシー）のうち、専門的学識、マネジメント、コミュニケーション、リーダーシップの各項目

　応用能力問題の解答枚数は600字詰解答用紙2枚で、出題問題数は2問となります。形式上は、2問出題された中から1問を選択する形式とはなっていますが、多くの受験者は、受験者の業務経験に近いほうの問題を選択せざるを得ないというのが実情です。そういった点では、さまざまな経験をしているベテラン技術者に有利な問題といえます。

　この問題は、先達が成功した手法をそのまま真似るマニュアル技術者には手がつけられない問題となりますが、技術者が踏むべき手順を理解して業務を的確に実施してきた技術者であれば、問題に取り上げられたテーマに関係なく、本質的な業務手順を説明するだけで得点が取れる問題といえます。そのため、あえて技術士第二次試験の受験勉強をするというよりは、技術者本来の仕事のあり方をしっかり理解していれば合格点がとれる内容の試験科目です。

(d) 選択科目 (III)

　選択科目 (III) は、先に説明したとおり、選択科目 (II) と合わせて3時間30分の試験時間で行われます。選択科目 (III) の出題内容は、『「選択科目」についての問題解決能力及び課題遂行能力』を試す問題とされており、出題内容や評価項目は図表1.10のようになっています。

図表1.10　選択科目 (III) の出題内容等

概　念	社会的なニーズや技術の進歩に伴い、社会や技術における様々な状況から、複合的な問題や課題を把握し、社会的利益や技術的優位性などの多様な視点からの調査・分析を経て、問題解決のための課題とその遂行について論理的かつ合理的に説明できる能力
出題内容	社会的なニーズや技術の進歩に伴う様々な状況において生じているエンジニアリング問題を対象として、「選択科目」に関わる観点から課題の抽出を行い、多様な視点からの分析によって問題解決のための手法を提示して、その遂行方策について提示できるかを問う。
評価項目	技術士に求められる資質能力（コンピテンシー）のうち、専門的学識、問題解決、評価、コミュニケーションの各項目

　選択科目 (III) の解答文字数は、600字詰解答用紙3枚ですので1,800字になります。2問出題された中から1問を選択して解答する問題形式です。　選択科

目（Ⅲ）では、技術における最新の状況に興味を持って雑誌や新聞等に目を通していれば、想定していた範囲の問題が出題されると考えます。

(2) 口頭試験の内容

　令和元年度からの口頭試験は、図表1.11に示したとおりとなりました。特徴的なのは、図表1.6の「技術士に求められる資質能力（コンピテンシー）」に示された内容から、「専門的学識」と「問題解決」を除いた項目が試問事項とされている点です。なお、技術士試験の合否判定は、すべての試験で科目合格制が採用されていますので、4つの事項で合格レベルの解答をする必要があります。

図表1.11　口頭試験内容（総合技術監理部門以外）

大項目	試問事項	配点	試問時間
Ⅰ　技術士としての実務能力	①　コミュニケーション、リーダーシップ	30 点	20 分＋ 10 分程度の延長可
	②　評価、マネジメント	30 点	
Ⅱ　技術士としての適格性	③　技術者倫理	20 点	
	④　継続研さん	20 点	

　技術士第二次試験では、受験申込書に記載した「業務内容の詳細」に関する試問がありますが、それは第Ⅰ項の「技術士としての実務能力」で試問がなされます。

　一方、第Ⅱ項は「技術士としての適格性」で、「技術者倫理」と「継続研さん」に関する試問がなされます。

　口頭試験で重要な要素となるのは「業務内容の詳細」です。ただし、この「業務内容の詳細」に関してはいくつか問題点があります。その第一は、かつて口頭試験前に提出していた「技術的体験論文」が3,600字以内で説明する論文であったのに対し、「業務内容の詳細」は720字以内と大幅に削減されている点です。少なくなったのであるからよいではないかという意見もあると思いますが、書いてみると、この文字数は内容を相手に伝えるには少なすぎるのです。「業務内容の詳細」は、口頭試験で最も重要視される資料ですので720字以内

の文章で評価される内容を記述するためには、それなりのテクニックが必要である点は理解しておいてください。

　しかも、「業務内容の詳細」は、受験者全員が受験申込書提出時に記載して提出するものとなっていますので、筆記試験前に合格への執念を持って書くことが難しいのが実態です。実際に多くの「業務内容の詳細」は、筆記試験で不合格になると誰にも読まれずに終わってしまいます。さらに、記述する時期がとても早いために、まだ十分に技術士第二次試験のポイントをつかめないままに申込書を作成している受験者も少なくはありません。

　注意しなければならない点として、「技術部門」や「選択科目」の選定ミスという判断がなされる場合があります。実際に、建設部門の受験者の中で、提出した「技術的体験論文」の内容が上下水道部門の内容であると判断された受験者が過去にはあったようですし、電気電子部門で電気設備の受験者が書いた「技術的体験論文」の内容が、発送配変電（現：電力・エネルギーシステム）の選択科目であると判断されたものもあったようです。そういった場合には、当然合格はできません。「業務内容の詳細」は受験申込書の提出時点で記述しますので、こういったミスマッチが今後も発生すると考えられます。特に令和元年度試験改正で選択科目の廃止・統合や内容の変更が行われていますので、「業務内容の詳細」と「選択科目の内容」を十分に検証する必要があります。万が一ミスマッチになると、せっかく筆記試験に合格しても技術士にはなれませんので、早期に技術士第二次試験の目的を理解して、「業務内容の詳細」の記述に取りかかってください。

（3）受験申込書の『業務内容の詳細』について

　受験申込書の業務経歴の部分では、まず受験資格を得るために、「科学技術に関する専門的応用能力を必要とする事項についての計画、研究、設計、分析、試験、評価又はこれらに関する指導の業務」を、規定された年数以上業務経歴の欄に記載しなければなりません。その際には、下線で示した単語（計画、研究、設計、分析、試験、評価）のどれかを業務名称の最後に示しておく必要があります。記述できる項目数も、現在の試験制度では5項目となっていますので、少ない項目数で受験資格年数以上の経歴にするために、業務内容の記述方

法に工夫が必要となります。しかも、その中から『業務内容の詳細』に示す業務経歴を選択して、『業務内容の詳細』に記述する内容と連携するように、業務内容のタイトルを決定する必要があります。『業務内容の詳細』を読む前に、このタイトルが大きな印象を試験委員に与えるからです。

　『業務内容の詳細』は、基本的に自由記載の形式になっており、記述する内容は「当該業務での立場、役割、成果等」とされています。しかし、『成果等』というところがポイントで、実際に記述すべき内容としては、過去の技術的体験論文で求められていた内容から想定すると、次のような項目になると考えられます。

　　① 業務の概要
　　② あなたの立場と役割
　　③ 業務上の課題
　　④ 技術的な提案
　　⑤ 技術的成果

　もちろん、取り上げる業務によって記述内容の構成は変わってきますが、700字程度という少ない文字数を考慮すると、例として次のような記述構成が考えられます。しかし、これまでの技術的体験論文のように、①〜⑤のようなタイトル行を設けるスペースはありませんので、いくつかの文章で各項目の内容を効率的に示す力が必要となります。

---

　　① 業務の概要（75字程度）
　　② あなたの立場と役割（75字程度）
　　③ 業務上の課題（200字程度）
　　④ 技術的な提案（200字程度）
　　⑤ 技術的成果（150字程度）

　この例を見ると、『業務内容の詳細』を記述するのはそんなに簡単ではないというのがわかります。自分が実務経験証明書に記述した業務経歴の中から1業務を選択して、『業務内容の詳細』を700字程度で示すというのは、結構大変

な作業です。欲張ると書ききれませんし、業務の概要説明などが長くなると、高度な専門的応用能力を発揮したという技術的な提案や、技術的成果の部分が十分にアピールできなくなります。そういった点で、受験申込書の作成には時間がかかると考える必要があります。一度提出すると受験申込書の差し替えなどはできませんので、口頭試験で失敗しないためには、ここで細心の注意を払って対策をしておかなければなりません。

第2章

選択科目（Ⅱ－1）の要点と対策

　選択科目（Ⅱ－1）の出題概念は、令和元年度試験からは、『「選択科目」における専門の技術分野の業務に必要で幅広く適用される原理等に関わる汎用的な専門知識』となりました。一方、出題内容としては、平成30年度試験までと同様に、『「選択科目」における重要なキーワードや新技術等に対する専門知識を問う。』とされています。そのため、平成30年度試験までに出題されている問題は、選択科目（Ⅱ－1）を勉強するうえで有効です。なお、電気電子部門では、平成25年度の試験制度改正以前でも、解答枚数1枚の専門知識問題が出題されていましたので、本章では平成20年度以降の問題を示します。

　評価項目としては、『技術士に求められる資質能力（コンピテンシー）のうち、専門的学識、コミュニケーションの各項目』となっています。

　なお、本章で示す問題文末尾の（　）内に示した内容は、R1－1が令和元年度試験の問題の1番を示し、Hは平成を示しています。

1. 電力・エネルギーシステム

電力・エネルギーシステムの選択科目の内容は次のとおりです。

　発電設備、送電設備、配電設備、変電設備その他の発送配変電に関する事項

　電気エネルギーの発生、輸送、消費に係るシステム計画、設備計画、施工計画、施工設備及び運営関連の設備・技術に関する事項

　電力・エネルギーシステムで出題されている問題は、電力系統一般、火力・原子力発電、水力発電、架空送電、ケーブル送電、配電設備、変電設備、再生可能エネルギー・燃料電池、直流送電に大別されます。なお、解答する答案用紙枚数は1枚（600字以内）です。

（1）電力系統一般

○　バーチャルパワープラント（VPP）の定義について説明し、VPPの導入によるメリットについて3つ以上述べよ。　　　　　　　　　（R1－1）

○　各地で大規模な実証実験が行われている電力系統用蓄電池について、必要とされる背景を述べ、期待される機能を3つ挙げそれぞれの内容を説明せよ。　　　　　　　　　　　　　　　　　　　　　　　　　（H30－1）

○　太陽光発電等気象条件で出力が変動する電源の大量導入に伴う電力系統上の課題を2つ挙げ、その概要を説明し、各々の対策を述べよ。

（H29－2）

○　電力系統の周波数調整の必要性を説明し、日本の運用方法の現状について説明せよ。　　　　　　　　　　　　　　　　　　　　　（H27－4）

○　電力系統の定態安定度と過渡安定度について説明せよ。　（H25－4）

○　太陽光発電が大量導入された配電系統における瞬時電圧低下について、以下の問いに答えよ。　　　　　　　　　　　　　　　　　　　　　(H24-3)

(1)　懸念される現象について述べよ。

(2)　上記（1）の改善方策として考えられている瞬時電圧低下時の運転継続機能を、現状のパワーコンディショニングシステムと対比して述べよ。

(3)　配電系統電圧の挙動を、上記（2）と同じく対比して図示せよ。

○　電力系統の電圧不安定現象について、以下の問いに答えよ。

(H24-4)

(1)　変圧器タップの逆動作現象をP-Vカーブにより説明せよ。

(2)　設備形成面、設備運用面における防止策を列挙せよ。

○　以下に示す発送配変電分野の5つの用語のうちから3つを選び、説明せよ。　　　　　　　　　　　　　　　　　　　　　　　　　　　　　(H24-5)

(1)　等増分燃料費則

(2)　電力量不足確率

(3)　減速材

(4)　自己励磁現象

(5)　ギャロッピング

○　発送配変電分野の以下に示す5つの用語のうち、3つを選び説明せよ。

(H23-1)

(1)　速度垂下特性

(2)　LHV基準

(3)　GIL（管路気中送電）

(4)　IGFC

(5)　マーレーループ法

○　電力系統において発生する内雷について、その発生原因を3つ挙げ、それぞれの回路現象と保護対策について述べよ。　　　　　　　　(H22-3)

○　電力系統におけるループ系統と放射状系統について、送電能力・信頼度及び運用性の観点から比較説明せよ。また、放射状系統の事故時における供給信頼度向上のために、我が国でとられている方法を説明せよ。

(H21-3)

　電力系統一般では、かつては、電力系統の安定化を阻害する要因等に関する問題を中心に出題されていましたが、最近では、再生可能エネルギー等の大量導入を考慮した電力系統の安定化策に関する問題が中心になっています。今後も、電力系統の新しい動向を反映した用語に関する問題が出題される可能性が高いとは考えますが、普遍的な技術に関する用語の問題も合わせて復習しておく必要があります。

（2）火力・原子力発電

○　火力発電設備の非破壊検査技術を2種類挙げ、それぞれの原理、診断できる損傷、検査上の注意点について述べよ。　　　　　　　　（H28－3）

○　発電機の水素冷却方式について説明し、電気設備技術基準に定められている水素冷却式発電機の安全対策について述べよ。　　　　　（H27－2）

○　石炭ガス化複合発電（IGCC）について説明せよ。　　　　（H26－2）

○　大容量汽力発電所において、系統事故発生時の発電所運用として採用されている「所内単独運転」について知るところを述べよ。また、運転上の留意点を3つ挙げ、説明せよ。　　　　　　　　　　　　　　（H22－1）

○　原子力発電所用タービン発電機と汽力発電所用タービン発電機とで、極数が異なる理由を述べよ。また、設計上及び構造上の相違点を4つ挙げて説明せよ。　　　　　　　　　　　　　　　　　　　　　　　（H21－1）

○　火力発電所のタービン発電機に不具合を与える恐れのある電力系統側の異常現象を2つ挙げ、その発生原因及びタービン発電機に与える不具合の状況を述べよ。また、その不具合からタービン発電機を保護するための継電器を挙げよ。　　　　　　　　　　　　　　　　　　　　　（H20－1）

　火力発電に関しては、非常に基礎的な内容が多く出題されていますし、実務で普段経験している内容に近いものが出題されているのがわかります。そういった点では、あえて受験のための勉強をしなくとも対応できる問題がこれまで多く出題されているといえます。しかし、実際に書くとなると内容をうまく表現できない場合がありますので、一度は答案用紙に書いてみる必要があります。

(3) 水力発電

○ 水力発電所における水撃作用とその軽減方法について説明せよ。

(H27 − 1)

○ 揚水発電所におけるポンプ所要動力の調整について、以下の問いに答え
よ。 (H24 − 2)

(1) 定速運転に比べて可変速運転のほうが適している理由を説明せよ。

(2) 電力系統運用への効果を説明せよ。

○ 水車発電機の特徴のうち、(1) 回転子形状、(2) 定態安定度、(3) 進相
運転について、タービン発電機と比較して説明せよ。 (H23 − 2)

○ 揚水発電所における揚水運転時の発電電動機の始動方式を3つ挙げ、そ
の原理、方法について述べよ。ただし、複数の始動方式を組み合わせた方
式は除くものとする。 (H22 − 2)

○ 水車の速度変動率の定義を述べ、その決定要因を3つ挙げ、速度変動率
を大きく設計した場合の得失を述べよ。 (H20 − 2)

水力発電に関しては、実務的な内容がこれまで多く出題されています。用語
としても基本的な事項が取り上げられており、取り組みやすい問題がこれまで
出題されているといえます。ただし、最近は出題がなされていません。なお、
今後水力発電に関して問題が出題される場合には、小規模な水力発電技術に関
する事項が含まれる可能性もあると考えますので、そういった用語なども含め
て勉強しておく必要があります。

(4) 架空送電

○ 超高圧架空送電線における高速度再閉路方式の目的と適用できる理由を
説明し、さらに再閉路方式の種類（遮断相による区分）を3つ挙げそれぞ
れの概要を述べよ。 (R1 − 2)

○ 架空送電線の雷対策技術を3種類挙げ、それぞれの特徴を述べよ。

(H29 − 3)

○ 送電線によって生ずる誘導障害のうち、通信線に対する電磁誘導障害と
その対策について説明せよ。 (H26 − 3)

○　ポリマーがいし（高分子がいし）の構造と用いられている材料、磁器が
　　いしと比較した特徴、使用に当たり留意すべき点について説明せよ。

（H26－4）

○　交流の架空送電線について、以下の問いに答えよ。　　　　（H23－3）

　(1) 架空送電線によって発生する三相不平衡の原因と、これを軽減する方
　　　法について説明せよ。

　(2) 架空送電線で発生する損失を2種類挙げ、その内容及び各々の損失低
　　　減策を説明せよ。

○　架空送電線における氷雪害について3つ挙げ、それぞれの現象とその対
　　策について述べよ。　　　　　　　　　　　　　　　　　　（H20－3）

○　送電線の中性点接地の目的を説明すると共に、中性点接地方式を2つ挙
　　げ、その特徴を説明せよ。　　　　　　　　　　　　　　　（H20－5）

　架空送電に関しては、障害対応に関する基礎的な問題が中心に出題されてい
るのがわかります。最近では、電子機器の利用が増えているため、雷害による
被害の影響が大きくなっていることもあり、雷害対策に関する専門雑誌等の特
集が増えています。そういった点から、この傾向は続くと考えられます。また、
地震や風水害等による被害の軽減策なども重要な課題となっていることから、
そういった視点での出題の可能性もあります。

(5) ケーブル送電

○　地中埋設高圧ケーブルの事故点を測定する方法を挙げ、そのうち2つに
　　ついて原理、特徴を説明せよ。　　　　　　　　　　　　　（H29－4）

○　電力系統の地中送電線（交流）に使用されるケーブルとその絶縁劣化に
　　ついて説明せよ。　　　　　　　　　　　　　　　　　　　（H27－3）

○　油浸絶縁ケーブル及びCVケーブルの絶縁劣化の原因について述べよ。
　　また、CVケーブルに適用される絶縁診断法を2つ挙げ、その方法と測定時
　　の注意事項を述べよ。　　　　　　　　　　　　　　　　　（H20－4）

　ケーブル送電に関しては、地中に埋設されてから時間が経っているものも増

えており、経年劣化による問題が最近では注目されています。これまでの出題
頻度は高くはないのですが、診断技術や劣化対策の面での出題がなされる可能
性は高くなっていると考えます。そういった点で、ポイントを絞った勉強を行
うとよいでしょう。

(6) 配電設備

○ 配電の無電柱化が推進されている目的を述べ、重要と思われる課題を
3つ挙げ、そのうちの1つについて対策を説明せよ。　　　　(R1 − 3)

○ 配電系統の電圧変動対策として高圧配電線に設置される装置として、自
動電圧調整器（SVR）、サイリスタ型自動電圧調整器（TVR）、自励式静止
型無効電力補償装置（自励式SVC）があるが、それぞれの仕組みと特徴を
説明せよ。　　　　(H30 − 2)

○ 配電用変電所の変圧器での逆潮流について説明し、配電系統の電圧調整
の観点からその対策について述べよ。　　　　(H28 − 1)

○ ガス絶縁開閉装置（GIS）について説明せよ。　　　　(H28 − 4)

○ 以下に示す高圧配電線と分散型電源との5つの連系要件のうち、3つを
選び説明せよ。　　　　(H25 − 1)

(1) 保護協調

(2) 逆潮流の制限

(3) 常時電圧変動

(4) 瞬時電圧変動

(5) 短絡容量

○ 送配電系統において計測される高調波について、以下の問いに答えよ。

(H23 − 4)

(1) 高調波の定義と主要な次数について説明し、主な発生原因を2例挙げ
て説明せよ。

(2) 高調波によって引き起こされる悪影響や障害を2例挙げて説明せよ。

(3) 高調波障害の対策として需要家側で用いられるパッシブフィルターと
アクティブフィルターを比較して説明せよ。

○ 送配電系統で用いられる代表的な電圧制御装置を3種類挙げ、その基本

的な動作を説明し、運用上の特性及び配慮すべき点について説明せよ。

(H23-5)

○　小規模分散型電源の普及に関連し、送配電系統の運用における単独運転
検出の必要性を説明せよ。さらに、代表的な能動方式で用いられている検
出装置の方式を2つ挙げ、その動作原理と特徴を説明せよ。　(H22-4)

○　交流遮断器の遮断責務を3つ挙げ、それぞれについて説明せよ。

(H22-5)

○　単相及び三相の低圧配電方式について、代表的な方式を3種類挙げ、そ
の結線図を示し、特徴を説明せよ。これらは、一線又は中性点が接地され
るが、その理由について述べよ。　　　　　　　　　　　　　(H21-4)

○　遮断器の役割と要求性能を説明せよ。さらに、3 kV以上の電力系統に
適用される交流遮断器の種類を消弧媒体の観点から3つ挙げ、その特徴及
びアークの消弧方法に関して、知るところを述べよ。　　　　(H21-5)

　配電設備に関しては、これまでも定期的に出題されていますが、出題されて
いる内容は、どれも非常に基礎的な事項を取り扱っているという感じでした。
令和に入り、無電柱化の問題が出題されています。そういった点で、解答しや
すい問題が多く出題される項目だといえます。なお、今後は、小規模分散型電
源の導入による配電設備の問題なども出題の可能性があると考えます。

(7)　変電設備

○　66 kV以上の送電系統で用いられる中性点接地方式のうち3種類を挙げ、
適用する主な電圧階級と特徴を説明せよ。　　　　　　　　　(H30-3)

○　変電所の絶縁設計における絶縁協調の考え方と、避雷器の役割及び設置
場所について述べよ。　　　　　　　　　　　　　　　　　　(H28-2)

○　大型変圧器の内部事故とその保護継電器について説明せよ。

(H26-1)

○　発変電所等で用いられる大型油入変圧器の経年劣化について、要因と寿
命評価方法について述べよ。　　　　　　　　　　　　　　　(H25-2)

　変電設備に関しては、実務に関する基礎的な事項がこれまで出題されており、解答に際してはそれほど苦労することがなく対応できたと考えられます。今後も、こういった傾向が続くと考えられますので、出題された場合には積極的に選択しやすい問題といえるでしょう。過去に出題されている問題数は少ないのですが、最近になって定期的に出題されている項目ですので、その点に注目する必要があります。

(8) 再生可能エネルギー・燃料電池

○　地熱発電の特徴を3つ挙げ、それぞれ説明するとともに、普及を妨げる課題について説明せよ。　　　　　　　　　　　　　　　　　(H30-4)

○　太陽光発電に用いられる太陽電池には様々な種類があるが、以下の種類のうち、2つを選び説明せよ。　　　　　　　　　　　　　　　(H25-3)

(1) 多結晶シリコン太陽電池

(2) アモルファスシリコン太陽電池

(3) CIGS系太陽電池

(4) 有機系太陽電池

○　以下に示す燃料電池のうちから2つを選び、その反応原理、適合する燃料とその留意点について記述し、将来的に大容量電源への適用が期待できる電池を1つ選ぶとともにその理由を述べよ。　　　　　　　(H24-1)

(1) りん酸形燃料電池

(2) 溶融炭酸塩形燃料電池

(3) 固体酸化物形燃料電池

(4) 固体高分子形燃料電池

　再生可能エネルギーについては、第五次エネルギー基本計画でも中核電源として示されていることもあり、今後はさまざまな観点から出題が増加すると考えられます。そういった点で、注目されている洋上風力発電などの問題が出題される可能性があります。さらに水素社会の到来を想定して、燃料電池に関する問題についても、今後は出題される可能性が高くなっていると考えられます。

(9) 直流送電

○　我が国において直流送電が適用される背景を説明し、直流送電に使われる他励式変換器と自励式変換器について、それぞれの特徴を述べよ。

(R1－4)

○　直流送電設備のうち、日本国内で適用されている周波数変換設備を構成する主な設備要素を挙げ、それぞれ説明せよ。　　　　　(H29－1)

○　直流送電の長所を3つ、短所を3つそれぞれ述べよ。さらに、適用例を3つ挙げ、その採用理由について述べよ。　　　　　　　(H21－2)

　最近では、直流送電が注目されていますので、平成29年度と令和元年度試験に出題されています。そういった点で、すぐに再出題される可能性は低いですが、一定間隔をあけて定期的に出題される可能性がある項目といえるでしょう。

2. 電 気 応 用

電気応用の選択科目の内容は次のとおりです。

> 電気機器、アクチュエーター、パワーエレクトロニクス、電動力応用、
> 電気鉄道、光源・照明及び静電気応用に関する事項
> 　電気材料及び電気応用に係る材料に関する事項

　電気応用で出題されている問題は、回転機、電気鉄道・自動車、パワーエレ
クトロニクス、照明・光源、電気加熱、発電・給電装置、変圧器、蓄電、材料・
その他に大別されます。なお、解答する答案用紙枚数は1枚（600字以内）です。

（1）回転機

○　かご形三相誘導電動機の速度制御方法として、ベクトル制御方式の原理
　　を説明し、V/f制御方式と特徴を比較せよ。　　　　　　　　（H30－4）

○　巻線型誘導機を可変速運転する制御方法を2つ挙げ、その概要と特徴に
　　ついて説明せよ。　　　　　　　　　　　　　　　　　　　（H26－3）

○　三相誘導電動機の効率規制は欧州、米国などをはじめとして導入が進ん
　　でおり、我が国でも導入予定である。三相誘導電動機のパワーフローを描
　　き、削減により効率向上効果が大きいと考えられる損失について解説せよ。

　　　　　　　　　　　　　　　　　　　　　　　　　　　　　（H25－1）

○　ハイブリッド自動車や電気自動車にはネオジウム磁石を用いた永久磁石
　　モータが用いられる。その重要な特長を2つ挙げて解説せよ。また、ネオ
　　ジウム磁石を用いた永久磁石モータでは、磁石磁束が一定であるため界磁
　　調整ができない。この様なモータを可変速運転する場合の留意点を1つ挙
　　げ、その対策を述べよ。　　　　　　　　　　　　　　　　（H25－2）

○　モータにおけるレアアースの適用事例を挙げて、その目的とあわせて説明せよ。また、昨今取り上げられているレアアース問題について説明し、技術的解決方法を 2 つ述べよ。　　　　　　　　　　　　　　（H24－1）

○　直流モータの原理図を示し、トルクと誘導起電力の発生する方向をフレミングの法則を用いて図示し、さらに、それぞれの大きさを示せ。

（H23－1）

○　誘導電動機の 1 次電圧制御と VVVF 制御を比較し、VVVF 制御が省エネルギーになる理由を説明せよ。　　　　　　　　　　　　　（H22－5）

○　誘導電動機の外部に制動装置を取り付けずに行う電気的制動法を 3 つ挙げ、それぞれの原理と特徴を述べよ。　　　　　　　　　　　（H21－1）

○　三相交流電動機のうち、同期電動機について動作原理と特徴を説明せよ。また、近年は直流電動機に代わって交流電動機が採用される例が多くなっている。その理由を 2 つ述べよ。　　　　　　　　　　　　（H20－1）

○　機械室レスエレベータが最近増加している。その実現した技術的理由と応用例を述べよ。　　　　　　　　　　　　　　　　　　　（H20－4）

○　三相誘導電動機の速度制御法を 3 つ挙げ、それぞれの特徴を述べよ。

（H20－5）

　回転機の問題は、電気応用においては、かつては定番問題といえる問題でした。電力需要の多くは回転機の駆動に使われていますので、それは当然といえました。その頃に出題されていた内容は基礎的なものでしたので、それほど記述するのに苦労はなかったと思います。しかし、回転機に関する出題が平成27 年度試験から途絶えていました。それが、平成 30 年度試験で再度出題されるようになっています。最近では、電動機に関する新たな動向が多く専門雑誌等で紹介されていますので、そういった点では出題される可能性が高い用語が多い分野でもあります。こういった状況から、今後は定期的に出題される可能性がある項目と考えます。

(2) 電気鉄道・自動車

○　日本における電気鉄道のき電方式の特徴について 3 例を挙げ、2 例にお

ける長所と短所を述べよ。 (R1－2)

○ 直流電気鉄道における地中埋設金属体の電食について、発生要因を述べるとともに、電気鉄道側及び地中埋設金属体側の対策について、それぞれ説明せよ。 (H30－1)

○ 電気鉄道における信号システムの閉そく、鎖錠、連動についてそれぞれ概要を述べよ。また、閉そく装置の具体的な種類を1つ挙げ説明せよ。

(H29－4)

○ 電気鉄道の架空電車線設備における、現行の耐震設計の考え方を述べ、高架橋上の電車線及び支持物に対する被害軽減のために有効な具体的方策を3つ記せ。 (H28－1)

○ 電気鉄道における蓄電装置の導入において2つの目的を挙げ、それぞれの効果を達成する原理・方法を説明せよ。 (H27－1)

○ 自動車などの駆動システムでは、近年、内燃機関に蓄電装置とインバータ・回転電機を組み合わせたハイブリッド駆動システムが多く用いられるようになった。このハイブリッド駆動システムが内燃機関のみで駆動される自動車に比べて、燃費低減や排出ガス削減が可能となる理由、及びハイブリッド駆動システムの課題を説明せよ。 (H26－2)

○ 電気鉄道におけるEMC（電磁両立性）の技術的方策を3つ挙げ、その概要を説明せよ。 (H26－4)

○ 電気鉄道や電気自動車などの電動車両のエネルギー効率向上の技術的方策を3つ示し、それぞれについて、具体的な方法と今後の課題について述べよ。 (H23－2)

○ 電気鉄道における直流電車の駆動用モータとして直流モータが使われてきたが、最近は交流モータが主流となってきている。直流電車に使用される直流モータと交流モータのそれぞれの速度制御法についての例を挙げて説明せよ。 (H22－1)

○ 電気鉄道の交流き電方式と直流き電方式のそれぞれについて、変電所及びき電回路の特徴を説明せよ。 (H21－4)

○ 電食の原理を説明せよ。また電気防食法を1つ挙げて説明せよ。

(H20－2)

電気鉄道は、この分野に関係している受験者が多いこともあり、定番問題といえる項目です。電気鉄道関連の業務を行っている受験者にとっては、選択科目（Ⅱ－1）で選択して解答しなければならない問題数が1問になったことから、合格のチャンスが広がったといえます。ここでは、最近注目されている電気自動車も含めて分類してありますので、少し範囲を広げて勉強をしておく必要があります。特に、自動車の分野では、CASEという用語が重要視されています。CASEとは、つながる車（Connected）、自動運転（Autonomous）、シェアドサービス（Shared）、電動化（Electric）の4つの頭文字をとったものです。

（3）パワーエレクトロニクス

○　電源電圧を昇圧する目的で用いられるDC／DCコンバーターについて、変圧器の有無により異なる2つの方式に大別して各方式の名称を述べ、それぞれについて動作原理を説明せよ。また、両者それぞれの特徴及び実用用途を述べよ。　　　　　　　　　　　　　　　　　　　　　（R1－1）

○　ワイドギャップ半導体の素材を3種類挙げよ。半導体素材の物性が、パワー半導体デバイスの性能向上に及ぼす効果について、4つの物性面からそれぞれ説明せよ。パワー半導体デバイスの動作周波数と出力容量に関する動作領域性能マップを図示し、1種類のワイドギャップ半導体デバイスにおける将来ターゲット領域を示し、Siデバイスと比較して性能優位性を説明せよ。　　　　　　　　　　　　　　　　　　　　　　（H28－2）

○　電力半導体デバイスとして、IGBTが盛んに用いられている。IGBTの図記号を示して、デバイスの動作及び特徴を他の電力半導体デバイスと比較して述べよ。　　　　　　　　　　　　　　　　　　　　　（H22－3）

○　降圧チョッパの基本回路を示して、その動作を説明し、さらに、実用するにあたってスナバー回路を付加する理由を説明せよ。　　　（H22－4）

パワーエレクトロニクスは電気応用分野では重要な技術といえますが、これまで出題されている問題数はそれほど多くはありません。また、令和元年度に出題されたばかりですので、すぐに出題される可能性は少ないと考えます。ただし、電気応用では重要な技術である点は変わりませんので、そういった点で

は勉強しておく必要がある事項ではあります。

(4) 照明・光源

○　レーザ発光の原理、レーザ光の性質、主要なレーザ光源である固体・気体・半導体それぞれの応用について述べよ。　　　　　　　　(H29－3)

○　建物内の照明に関する省エネルギー技術に関して、①照明ランプ・器具の高効率化、②照明制御、③前記以外の周辺技術の3つの観点から、それぞれの具体的な技術的方策について述べよ。　　　　　　　　(H24－5)

○　蛍光ランプの高周波点灯の基本原理を述べ、調光方法を2種類挙げよ。

(H20－3)

　照明に関しては、かつては電気応用では中核の項目でしたが、最近では蛍光灯器具の製造が中止されるなど、LED中心の技術項目になっています。そういった状況から、今後も照明としての出題の可能性は高くありませんが、光ファイバ通信や加工機の分野で、光源としての出題の可能性はあると考えます。なお、照明は、実社会において電力需要が大きな負荷ですので、何らかのトピックスを機に出題される可能性は否定できません。

(5) 電気加熱

○　ヒートポンプについて、原理と特徴を説明せよ。また、代表的な応用例であるエアコンについて概要を説明せよ。　　　　　　　　(R1－4)

○　電気加熱のうちの誘導加熱について、原理と特徴を説明せよ。また、代表的な応用例である電磁調理器について概要を説明せよ。　　(H30－2)

○　電気加熱方式について、石油・ガス・石炭などによる燃焼加熱に比べた特長を複数述べよ。さらに電気エネルギーを熱エネルギーに変換する方式を2種類挙げ、それぞれの主な用途又は装置例を2つ示して説明せよ。

(H27－3)

○　ヒートポンプの原理を説明し、さらに成績係数（COP）が1以上になる理由を説明せよ。　　　　　　　　(H22－2)

○　産業用に用いられる誘導加熱装置と家庭用に用いられる誘導加熱装置の

違いについて、それぞれの例を挙げて説明せよ。　　　　　　(H21－5)

　電気加熱は、社会生活において身近な製品に含まれていることから、定期的に出題されています。ただし、電気加熱の方式にはさまざまなものがありますので、しっかり勉強していないと、試験当日に解答を書き上げる自信が持てず、その問題を選択できない可能性があります。そのため、試験日が近くになったら集中的に暗記するなどの方法で準備するとよいでしょう。

(6) 発電・給電装置

○　無線ICタグに利用されている主要なワイヤレス給電方式を2つ挙げ、それぞれについて原理及び特徴を述べよ。　　　　　　　　(H29－1)

○　無停電電源装置の役割を述べよ。また、常時インバータ給電方式、常時商用給電方式及びラインインタラクティブ方式のうち、2種類について、それぞれの構成、原理、特徴を述べよ。　　　　　　　　(H29－2)

○　実用化を目指した開発が進められているワイヤレス電力伝送について、2つの伝送方式を挙げ、それぞれの技術の概要を説明せよ。　(H27－2)

○　近年、電気自動車の普及が進み、市街地や高速道路のサービスエリアに急速充電スタンドが設置され始めている。将来、これらの充電設備が普及する上で重要な技術的キーワードを3つ挙げ、それぞれ説明せよ。ただし、電池そのものの性能向上課題は除くものとする。　　　　　(H24－2)

○　近年、自然エネルギーの活用が注目を集めており、その一つに太陽光発電が挙げられる。太陽光発電を導入することのメリットを2つ挙げて説明せよ。また、太陽光発電の大量導入を実現する上での課題を3つ挙げて簡潔に述べよ。　　　　　　　　　　　　　　　　　　(H24－3)

○　現在、大容量から小容量までの非接触給電装置が多く用いられている。非接触給電の原理を説明し、さらに応用例を1つ挙げて、その技術的特徴を述べよ。　　　　　　　　　　　　　　　　　　(H21－3)

　最近では、ワイヤレス給電技術が注目されていますし、再生可能エネルギーの利用拡大も注目されていますので、この項目を勉強する価値は高いと思いま

す。ただし、勉強する範囲は決して狭くありませんので、広く浅く勉強する方法で対応するとよいでしょう。近い将来再出題される問題の有力候補といえます。

(7) 変圧器

○ 変圧器の試験項目を3つ挙げ、そのうち2つについて試験法を説明せよ。
(H26－1)

○ CO_2削減を目的とした省エネ法ではトップランナー方式が制定され、高圧配電用変圧器がトップランナー方式の対象機器として指定を受けている。このトップランナー方式とはどのような方式かを説明せよ。また高圧配電用変圧器の効率を上げる方法を3つ挙げ、説明せよ。 (H21－2)

変圧器に関しては、これまであまり出題されていませんが、大きな間隔をあけて出題されている実態をみると、そろそろ再出題される可能性があると考えられる項目です。ただし、どういった内容が出題されるのかが読みにくい項目ですので、事前に準備するのが難しいといえます。

(8) 蓄　電

○ リチウムイオン電池の原理と特徴について説明せよ。また、リチウムイオン電池単体の課題を1つ挙げ、その対策に関する技術動向を説明せよ。
(H28－3)

○ 蓄電池（二次電池）の代表的な種類を3つ挙げ、それらの特徴と適用例を述べよ。 (H25－3)

○ 電気二重層キャパシタの原理を説明し、特徴を二次電池と比較して説明せよ。また、将来的に応用が期待されている例を2つ挙げ、今後解決すべき課題について述べよ。 (H23－4)

電気自動車の導入や、移動式情報端末の増加、自然エネルギーの増加による電力供給の安定化などの目的で蓄電技術が強く求められるようになっていますので、今後は出題の可能性が高い事項といえます。特記すべき内容として2019

年に電池関連技術がノーベル化学賞に選ばれていますので、要注意項目と考えます。ただし、電気化学や新技術の知識が必要ですので、そういった基礎をしっかりと勉強しておくことが求められます。

(9) 材料・その他

○　タッチパネルに利用されている主要な位置入力装置の方式を2つ挙げ、それぞれについて原理及び特徴を説明せよ。　　　　　　　　　　(R1－3)

○　代表的な力学センサであるひずみゲージについて、原理・特徴、応用例を説明せよ。　　　　　　　　　　　　　　　　　　　　　　　　(H30－3)

○　航空機や衛星によるリモートセンシング技術について概要、特徴、課題を述べよ。また、応用例を1つ挙げて説明せよ。　　　　　　　　(H28－4)

○　電気機器、及び部品の省資源、省エネルギーのため、鉄心や磁心に使用される磁性材料の損失低減が図られている。鉄心や磁心に使用される磁性材料の発生損失を2つ挙げ、式を用いてその特徴を説明せよ。さらに、磁性材料の損失低減が機器や部品の高効率ないし小形・軽量化を実現した例を1つ挙げ、前述の損失発生の特徴を踏まえて、その理由を説明せよ。

(H27－4)

○　省エネルギーの観点から新しい磁性材料として圧粉磁心の適用が始まっている。圧粉磁心の構造の概念図を書き、その長所を説明せよ。さらに、その長所を活かした適用例を挙げよ。　　　　　　　　　　　(H25－4)

○　電気機器の開発を行う際には、機器における電磁現象の把握が必要となる。電磁現象の解析には様々な手法が考えられるが、理論解析手法に対して、有限要素法などの数値解析手法を適用するメリットを3つ、及び課題を2つ挙げて簡潔に説明せよ。　　　　　　　　　　　　　　(H24－4)

○　雷によって過電圧が発生するメカニズムを3つ挙げ、その特徴を述べよ。また、雷による損傷を防ぐための対策法について述べよ。　　(H23－3)

○　変圧器、電動機などの電気機器及びインバータなどの電力変換器の冷却の必要性について説明せよ。さらに、冷却方法を3種類挙げ、それぞれ簡潔に説明せよ。　　　　　　　　　　　　　　　　　　　　　(H23－5)

　電気応用では、材料に関する事項も含めて、上記のような内容が出題されていますので、ここに「材料・その他」としてまとめました。どれも出題されてみると、なるほどという内容ではありますが、今後の出題を想定することは難しいので、受験者が得意な事項だと思った場合に選択する問題と考えてください。

3. 電子応用

電子応用の選択科目の内容は次のとおりです。

　高周波、超音波、光、電子ビームの応用機器、電子回路素子、電子デバイス及びその応用機器、コンピュータその他の電子応用に係るシステムに関する事項

　計測・制御全般、遠隔制御、無線航法等のシステム及び電磁環境に関する事項

　半導体材料その他の電子応用及び通信線材料に関する事項

　電子応用で出題されている問題は、高周波・発振、電子デバイス、計測器・センサ、電源・電池、制御、光学技術、記憶装置に大別されます。なお、解答する答案用紙枚数は1枚（600字以内）です。

(1) 高周波・発振

○　水晶発振回路について、構成を示す回路図やブロック図を示し、構成要素となる電子素子やブロックが互いにどのように関わり合うことで発振するのか、仕組みを説明せよ。ただし、水晶振動子を図中に明示すること。また、水晶発振回路の長所と短所を、動作原理に基づき論理的に述べよ。

（H30-1）

○　直交ミキサを用いたダイレクトコンバージョン受信機（ホモダイン受信機ともいう）の構成をブロック図で示し、その動作を説明せよ。次に、この受信機の長所と短所について簡単に説明せよ。　　　　（H29-2）

○　無線通信機器においてアンテナと送受信回路とを接続するときに、アンテナケーブルや配線には適切な電気特性をもつものが必要である。電気・

38

電子の技術者として、高速高精度に伝送するという観点から最も気を付けるべきと考えられることを、理由とともに論理的に述べよ。ただし、不十分な設計により発生すると考えられる問題を、具体的な数値を入れて説明すること。また、与えられたケーブル・配線やアンテナ、回路を使いながらこれらの問題を回避する方法と原理を示せ。　　　　　(H28-1)

○　高周波回路では、2つの回路ブロックを接続する際、前段の出力インピーダンスと後段の入力インピーダンスを整合させることが望ましい。この理由を述べよ。また、これらの整合が取れていない場合、無損失回路を用いてインピーダンスを整合させる手法について説明せよ。　　　(H24-1)

○　スーパーヘテロダイン受信機の構成をブロック図で示し、その動作を説明せよ。次に、この受信機の長所と短所について簡単に説明せよ。

(H24-2)

○　ダブルバランスミキサとはどのようなものか回路構成を示し、その動作及び特徴について説明せよ。　　　　　　　　　(H23-5)

高周波・発振は、情報通信分野での無線通信技術の重要性を受けて、最近では定番問題となって多く出題されています。通信回路などを専門とする受験者には適した問題ですが、それ以外の受験者には少し難しい問題となります。なお、電子応用では、図示させる問題が多く出題されますので、解答する場合を想定して、図示できるような知識レベルまで勉強する必要があります。

(2) 電子デバイス

○　ディジタル信号をアナログ信号に変換する回路（DA変換回路）について、出力波形の良さはどのように評価されるか。DA変換回路の原理図を1つ示してその動作を説明し、出力波形に誤差や変動が生じる理由を原因から結果まで論理的に述べよ。　　　　　　　(R1-1)

○　FPGA（Field-Programmable Gate Array）について、次の問いに答えよ。　　　　　　　　　　　　　　　(H30-2)

(1) カスタムICと比較し、どのような特徴があるか述べよ。

(2) FPGAに内蔵されているプログラマブルスイッチの実現方式を2つ挙げ、

それぞれの特徴を述べよ。

○　電子機器のコモンモードノイズによる影響について、図を用いて説明し、その対策と原理を述べよ。　　　　　　　　　　　　　　　　　　　　　（H30−4）

○　アナログ信号をディジタル信号に変換するAD変換について、異なる原理の方式を2つ示し、その1つについて特徴を示し、回路図やブロック図を用いて動作を説明せよ。　　　　　　　　　　　　　　　　　　　　（H29−3）

○　GaNやSiCなどの半導体材料を用いたパワー半導体素子が注目されている。Si半導体素子と比較して、これらの素子の特徴を2つ挙げよ。さらに、これらのパワー半導体素子によってもたらされる電子機器のメリットについて具体例を示して述べよ。　　　　　　　　　　　　　　　　　　　（H29−4）

○　スピーカーなどを駆動する電力増幅回路では、従来からあるA級やB級のほかに、最近ではD級などの動作状態が利用されている。これらの内、A級とD級の電力増幅回路における違いについて、回路的な特徴と効率の観点から、図や式を用いて説明せよ。　　　　　　　　　　　　　　　（H28−2）

○　MEMS（Micro Electro Mechanical Systems）技術の概要を述べ、電子素子への応用例を示しその特徴を述べよ。　　　　　　　　　　　　　（H28−3）

○　センサ等を用いて所望の物理量を電圧に変換し計測するとき、計装アンプやインストゥルメンテーションアンプと呼ばれる増幅回路がしばしば使用される。それらは、増幅率が調整可能な差動入力・単相出力の増幅回路で、低歪みや高入力抵抗といった特徴を有している。このような計測用増幅回路の1つについて、回路図と特徴を示せ。さらに、その特徴がどのような機構で実現されているかを論理的に説明せよ。　　　　　　　　　　（H27−4）

○　ディジタル信号をアナログ信号に変換するDA変換について、異なる原理の方式を2つ示し、その1つについて特徴と動作を説明せよ。

（H26−3）

○　CMOS集積回路に対する低消費電力化の手法として並列処理が知られている。簡単な例を1つ挙げ、ブロック図を用いて並列処理の動作について説明し、低消費電力化が可能な理由を簡潔に述べよ。　　　　　　（H25−1）

○　電圧制御電流源と容量を用いてインダクタと等価なインピーダンスを実現する回路を示し、その動作を説明せよ。次に、使用した電圧制御電流源

の出力抵抗の値が有限であった場合、実現したインピーダンスに与える影
響について述べよ。　　　　　　　　　　　　　　　　　　(H23－1)

○　演算増幅器の位相余裕について、ボード線図を用いて述べよ。また、位
相余裕の大きさによって演算増幅器を用いた回路の出力波形がどのように
変化するか、具体的な回路と入力信号を用いて説明せよ。この変化を基に、
回路の安定性についても言及せよ。　　　　　　　　　　　　(H23－2)

○　放射線により半導体の動作は影響を受けるが、その具体例を2つ挙げ、
その対策方法を説明せよ。　　　　　　　　　　　　　　　　(H23－3)

○　CMOSデジタル回路の消費電力を決める要因の中で、素子微細化に伴い
重要性が増すと考えられるものを3つ挙げ、電力が消費される過程と微細
化による影響を具体的に説明せよ。　　　　　　　　　　　　(H23－4)

○　演算増幅器における利得帯域幅積（GB積）とは何かを説明せよ。また、
演算増幅器を用いて負帰還増幅器を構成したときに、このGB積を大きく
する利点及び方法を具体的に説明せよ。　　　　　　　　　　(H22－2)

○　演算増幅器を含むスイッチトキャパシタ回路で構成した積分器について、
その動作原理及び設計上の注意点について述べよ。　　　　　(H22－4)

○　USB 3.0はUSB 2.0に比し10倍以上の通信速度を実現する。なぜこのよ
うな高速化が可能になったのかその理由を述べ、USB 3.0を用いる機器を
設計する際の注意点を挙げよ。　　　　　　　　　　　　　　(H21－2)

○　最近の携帯型オーディオ機器には1ビットDAC（1ビットDA変換器
あるいはオーバーサンプリング型DA変換器）が用いられている。この
1ビットDACの原理を説明し、なぜ最近の携帯型オーディオ機器に用いら
れているのか、その理由を述べよ。　　　　　　　　　　　　(H21－3)

○　適応デジタルフィルタにおけるLMS（Least Mean Squares）アルゴリ
ズムについて、その原理、応用例、課題等を述べよ。　　　　(H21－5)

○　コモンモードノイズとはどのようなものか、どのような影響があるかを
説明し、その対策と対策の原理を述べよ。　　　　　　　　　(H20－2)

○　アナログ信号をサンプリング定理に基づいてAD変換する際、アナログ
信号の周波数帯域はAD変換のサンプリング周波数f_sに対してある制約を
受ける。これについて以下の事柄を説明せよ。　　　　　　　(H20－3)

① どのような制約を受けるか、またサンプリング定理とは何か。

② その制約が満たされない場合、どのような弊害を生じるか。

③ その制約が満たされない場合の解決策としてどのような方法があるか。

電子デバイスの問題は毎年必ず出題されますが、令和元年度からは選択して解答する問題が1問になりましたので、この項目に絞って勉強するというのも戦術として有効です。ただし、出題されている内容は広範囲にわたっていますので、勉強するのが容易な項目とはいえません。電子応用を受験する人の多くが電子デバイスの設計または利用にかかわっている人ですので、自分の専門分野からはじめて、幅を広げて勉強する際の資料として、ここに示した過去問題を参考にしてもらえればと考えます。

（3）計測器・センサ

○ 非破壊検査手法の1つである超音波探傷試験は、検出対象の有無・その存在位置・大きさ・形状などを調べる検査技術である。超音波探傷試験の原理を示し、その特徴を3つ述べよ。　　　　　　　　　　（R1－3）

○ ミリ波帯で動作する低雑音増幅器を測定するベクトルネットワークアナライザの構成をブロック図で示し、動作原理を説明せよ。　　（R1－4）

○ 正弦波信号を非線形回路に通した場合に生じる高調波ひずみを測定する高調波ひずみ率計の構成をブロック図で示し、動作原理を説明せよ。

（H28－4）

○ UHF帯で動作する受動フィルタを、測定するベクトルネットワークアナライザの構成をブロック図で示し、動作原理を説明せよ。　　（H27－2）

○ 超音波を応用した非破壊検査機器について、その原理と特徴について述べよ。　　　　　　　　　　　　　　　　　　　　　　　　　（H27－3）

○ センサの信号を簡便に高感度で取出す方法としてブリッジ回路が広く利用されている。抵抗変化を利用するセンサのためのブリッジ回路を示せ。また、この回路は、低抵抗のセンサを用いてリード線を延長するとリード線の抵抗値が直列に加算され測定誤差を発生する。この測定誤差を低減するための方法を示し、測定誤差低減の原理について説明せよ。（H26－1）

○　スペクトラムアナライザの機構を説明せよ。さらに、出力画面に表示される グラフの縦軸が表す物理的な意味と、分解能帯域幅（RBW）の設定の違いによる出力の変化を述べよ。　　　　　　　　　（H26－2）

○　入力電圧や温度などの物理量 x を変えながら、出力となる別の物理量 y を計測して、y を x の関数として表したいとき、内挿（補間）と最小二乗法を対比して説明し、それぞれの手法の得失を述べよ。　　（H25－2）

○　交流の電力における有効電力と無効電力とは何かを説明せよ。また、アナログ－デジタル変換器（A－D変換器）を用いてデジタル信号処理で有効電力を測定するサンプリング電力計の原理を述べよ。　　（H22－5）

○　76 GHz帯を用いた自動車衝突防止用レーダが実用化されている。自動車衝突防止用レーダに76 GHz帯が用いられている理由、及びこれを実用化できた技術的背景について述べよ。　　　　　　　　　　（H21－1）

○　イメージセンサとしては長らくCCDイメージセンサが利用されていたが、近年ではCMOSイメージセンサの普及も大きく進んでいる。この理由を説明し、CMOSセンサにつき現状の課題と今後の展望を述べよ。

（H20－1）

○　最近の医用画像装置においては核磁気共鳴画像法（MRI：Magnetic Resonance Imaging）が普及し、病気の診断に大きな成果を上げている。このMRIの原理、特徴及び欠点を説明し、普及した要因について技術的観点から述べよ。　　　　　　　　　　　　　　　　（H20－4）

○　人間の音声は、声帯の振動や摩擦による乱流などにより発生する音源信号を声道・口腔・鼻腔などの調音器官に通して生成される。計算機による自動音声認識では、この音源信号と調音器官の特性を分けて解析する必要があるが、この音源信号と調音器官の特性を分けて求めるための手法とその原理を述べ、実際に適用する場合の問題点を挙げよ。　　（H20－5）

電子応用分野では、計測器を使用することが多いので、計測器の基礎的な内容を問う問題が最近多く出題されています。その理由は、日本技術士会の会合で、「若い技術者が計測器の使い方を理解していない」という意見等が多く聞かれるのと関連が深いと考えています。ただし、過去に出題されている問題を

見ると、特定の計測器に特化しているようですので、それらに絞って勉強するとよいでしょう。また、センサについては、過去に一時期出題されて、その後出題されていませんが、IoT時代を考えると、今後、センサ技術について問う問題が出題される可能性は高いと考えます。

（4）電源・電池

○　ワイヤレス給電方式を3種類挙げ、それぞれの原理を図で示し、その動作を説明せよ。次に、スマートフォンの充電に利用した場合のこれらの方式の長所と短所について、効率と送電距離の観点から述べよ。（H30－3）

○　日常生活の中にありながら意識されてこなかった微小エネルギーを、大規模な施設を用いずに回収して小型情報通信端末などの電源とするエナジーハーベスティング技術において、利用できるエネルギー形態を3つ挙げ、それぞれについて、電気エネルギーへ変換する素子や機構を説明せよ。また、互いの得失を述べよ。　　　　　　　　　　　　　　（H29－1）

○　振動発電の方式を2種類挙げ、そのうちの1つについて、発電原理、特徴について説明し、期待される応用例について述べよ。　　　　（H25－3）

○　スイッチング電源では、直流電圧をより高い電圧に変換（昇圧）することができる。このような昇圧可能なスイッチング電源回路の1例を示し、動作を説明せよ。　　　　　　　　　　　　　　　　　　　　（H25－4）

○　半導体集積回路において基準電圧の発生に用いられるバンドギャップ参照電圧源回路に関して、回路ブロック図を描いて動作原理を説明し、設計上の注意点を述べよ。　　　　　　　　　　　　　　　　　　　（H22－1）

○　携帯機器用に利用可能なワイヤレス給電方式を2種類挙げ、そのうちの1つについてエネルギー伝送の原理、効率、送電距離などについて説明し、今後の展望を述べよ。　　　　　　　　　　　　　　　　　　（H22－3）

最近では、小型携帯端末が普及していますし、今後のIoT技術の普及を考えると、それら情報端末に電源を供給するワイヤレス給電技術やエネルギーハーベスティング技術はこれからも重要となります。そういった点で、定期的に出題される可能性がある項目と考える必要があります。出題される可能性がある

内容は一定範囲内に収まりますので、一度しっかり勉強しておけば、出題された際に対応ができると考えます。

(5) 制　御

○　線形システムのインパルス応答と伝達関数について説明せよ。また、電気電子分野における具体例を1つ挙げて、伝達関数を明らかにすることの工学的な意義を説明せよ。　　　　　　　　　　　　　　　　(H24－3)

○　連続時間線形システムにおける伝達関数の極、零点と周波数特性の関係について図を用いて説明せよ。　　　　　　　　　　　　　　(H21－4)

制御に関する事項は、かつて電子応用分野では非常に大きな位置を占めていましたが、最近では、出題される機会は少なくなってきています。しかし、基礎知識としては重要なものですので、その点は認識しておく必要があります。

(6) 光学技術

○　バーコードと2次元コードの相違点について、記録できる情報量の観点から説明せよ。また、バーコードの読み取りに用いる装置の方式を2種類挙げ、それぞれの方式の動作を、それらに用いられる素子と機能を図で示して説明せよ。　　　　　　　　　　　　　　　　　　　　(R1－2)

○　発光ダイオード（LED）について、以下の問いに答えよ。(H27－1)

(1) 光源としての特徴を2つ示せ。

(2) 動作原理を説明せよ。

(3) 赤色LEDと青色LEDの違いについて述べよ。

○　光通信システムに用いられる光アイソレータについて、素子の構成と動作原理、及び、システムを構成する上での必要性と今後の課題について述べよ。　　　　　　　　　　　　　　　　　　　　　　　　(H24－4)

光ファイバ通信は、大容量かつ長距離通信として広く使われています。その要素技術となる光学技術については、携わっている技術者も多いことから、今後も、一定間隔をあけて出題される項目と考えます。前回出題された時期から

考えると、そろそろ出題される可能性が高くなっている項目といえます。なお、令和元年度試験で、光学読み取り装置に関する内容が出題されていますが、分類としてこの項目に含めてみました。

（7）記憶装置

○　フラッシュメモリに利用されているメモリセルに関して、1ビット情報が記憶できる原理を簡潔に説明せよ。説明には、情報を安定して記憶する機能と、記憶した内容を書き換える機能という、2つの相反する機能を同時に実現するための工夫点を含めること。　　　　　　　　　（H26－4）

○　近年、プログラム／消去可能な不揮発性メモリが注目されている。その例を2つ挙げ、メモリセルの構造と動作原理、今後の課題について、相互に比較しながら説明せよ。　　　　　　　　　　　　　　　　（H24－5）

記憶装置の問題は一時期出題されましたが、それ以後は出題されていません。試験委員の任期を考えると、ある1人の試験委員が興味を持って出題したと考えるのが適切でしょう。そういった点で、今後の出題の可能性は低い項目といえます。

4. 情 報 通 信

情報通信の選択科目の内容は次のとおりです。

> 有線、無線、光等を用いた情報通信（放送を含む。）の伝送基盤及び方式構成に関する事項
>
> 情報通信ネットワークの構成と制御（仮想化を含む。）、情報通信応用とセキュリティに関する事項
>
> 情報通信ネットワーク全般の計画、設計、構築、運用及び管理に関する事項

情報通信で出題されている問題は、有線通信、無線・移動体通信、通信ネットワーク、変調・符号化、放送・画像情報等に大別されます。なお、解答する答案用紙枚数は1枚（600字以内）です。

（1）有線通信

○　有線通信では、伝送距離に応じて一般的に中間中継器の設置が必要となる。ディジタル通信の中間中継器に必要な機能を3つ挙げて、それぞれを説明せよ。特に、光ファイバ通信では、この中間中継器にエルビウム添加光ファイバ増幅器（EDFA）が採用されてきている。EDFAの特長を3つ挙げて説明せよ。　　　　　　　　　　　　　　　　　　　　　　　　（R1－2）

○　幹線系光伝送システムで広く使われているデジタルコヒーレント光通信方式について、その方式の概要を述べよ。さらに従来方式（強度変調－直接検波方式）と比較して主な利点を3つ挙げ、その内容を説明せよ。

（H29－3）

○　エルビウム添加ファイバ増幅器（EDFA）に関し、EDFAの基本構成を

47

以下の構成要素を用いて図示せよ。さらに動作の概要を説明せよ。構成要素は、(a) 半導体レーザ、(b) エルビウム添加ファイバ（EDF）、(c) 光合分波器、(d) 光アイソレータを用い、図では記号 (a) 〜 (d) で表すこと。また、長距離・大容量光ファイバ通信に寄与するEDFAの特徴を3つ挙げて説明せよ。　　　　　　　　　　　　　　　　　　　（H27－2）

○　光ファイバ通信の伝送性能を飛躍的に向上させるため、コヒーレント光通信に超高速ディジタル信号処理を取り入れた、いわゆるディジタルコヒーレント光伝送技術が著しく進展し、実用化時期に入ってきた。以下の4つの問いにすべて答えよ。　　　　　　　　　　　　　　　　（H24－4）

(1) コヒーレント光通信方式について概略を述べよ。

(2) ディジタル信号処理技術が従来のコヒーレント光通信方式におけるどのような技術課題をどう解決したかについて簡単に述べよ。

(3) 光通信方式にディジタル信号処理を導入することのメリットとして、コヒーレント光通信方式が可能となったことの他に2つ挙げ、それぞれ簡単に説明せよ。

(4) ディジタルコヒーレント光伝送技術の今後の技術課題を2つ挙げよ。

○　長距離光通信における光ファイバの分散について、その意味と長距離光通信における影響を示すとともに、波長分散についてその補償手段を述べよ。また、特にビットレートが高速になると波長分散の補償を可変にする必要が生じてくるが、その理由を述べよ。　　　　　　　　（H23－3）

○　光ファイバ通信技術の進歩に伴って、無線通信に用いた各種の高効率伝送技術が適用されるようになった。下記リストの中から、適用が検討されあるいは実用化されている技術を5つ挙げ、その基本原理、光通信に適用する際の特徴（メリット又は課題）と実現方法・形態について述べよ。

　　　　　　　　　　　　　　　　　　　　　　　　　　（H22－5）

リスト：FDM、CDM、OFDM、MIMO、QPSK、多値変調、符号化変調、
　　　　ARQ、適応変調、ダイバーシチ、波形等化

○　PON（Passive Optical Network）システムについて、その基本構成を説明し、そのメリットを2つ述べよ。また、現在標準化されているギガビットクラスのPON規格を2つ記せ。さらに、複数のユーザが安全に双方向

通信できる仕組みについて説明せよ。 （H21－3）

○　光通信ネットワークに適用されるROADM装置（Reconfigurable Optical Add/Drop Multiplexer）について、その基本構成を図示し、基本動作について述べよ。さらに、通信ネットワークにおけるROADMの役割について述べよ。 （H20－2）

　有線通信においては、最近では光ファイバ通信関連技術についての出題が中心になっています。光ファイバ通信は、高速大容量かつ長距離通信では非常に重要な技術であり、今後も定番問題として安定的に出題されると考えて勉強する必要があります。出題される内容はどれも基礎的なものですので、業務で関与している受験者には対応しやすい問題と考えます。

（2）無線・移動体通信

○　ISM（Industrial, Scientific and Medical）周波数帯について説明し、その周波数帯を使った通信の利点と欠点について述べよ。さらに我が国で使われているISM周波数帯を2つ挙げて、その用途について説明せよ。

（R1－1）

○　LPWA（Low Power Wide Area）技術について、その主な特徴を3つ挙げ、この技術の用途について説明せよ。 （H30－1）

○　ネットワーク・スライシング技術について、技術の背景、機能、想定される適用例（ユースケース）の3項目を説明せよ。 （H30－4）

○　2020年頃から商用展開が予定されている第5世代移動通信（5G）は、ITU－R勧告（M. 2083－0）「IMT Vision」に示されているように、大きく3つの利用シナリオが想定されている。それらの3つの利用シナリオそれぞれの概要を記述し、それらから総合的に導き出された5Gへの主な要求条件を5項目挙げよ。 （H29－2）

○　陸上移動通信で今後必要となる超高速・大容量伝送を実現するために、広い帯域を確保できるミリ波を利用することが検討されている。ミリ波を利用するに当たって、克服すべき電波伝搬上の課題を3つ挙げ、その概要を述べよ。これらの課題を克服するために、ミリ波の特徴を活かして高度

化したMIMO（Multiple Input and Multiple Output）技術が検討されて
いるが、この高度化したMIMOの概要と特徴を述べよ。　　　（H29－4）

○　カーナビゲーションシステムなどで広く利用されているGPS（Global
Positioning System）について、その測位原理を説明せよ。また、GPSの
特徴を2つ以上述べよ。　　　　　　　　　　　　　　　　　　（H28－2）

○　LTE（Long Term Evolution）で導入されている、ネットワークと1つ
の端末の間で複数のコンポーネントキャリアを結合して、あたかも1つの
無線キャリアのように利用するキャリアアグリゲーション（Carrier
Aggregation、解答ではCAと略してよい）の実現形態、2つ以上の技術
的特徴、通信事業者から見た利点及びユーザから見た利点を、それぞれ述
べよ。　　　　　　　　　　　　　　　　　　　　　　　　　（H28－4）

○　LTE（Long Term Evolution）に関して、上りリンク及び下りリンクで
用いられている各アクセス方式の概要と、それらの特長を説明せよ。
　　　　　　　　　　　　　　　　　　　　　　　　　　　　（H27－3）

○　MIMO（Multiple－Input Multiple－Output）について、その概要、原
理及び長所を説明し、どのような無線通信システムに採用されているか述
べよ。　　　　　　　　　　　　　　　　　　　　　　　　　（H26－1）

○　無線LAN（Local Area Network）の媒体アクセス制御方式について、
その名称と原理及び特徴を説明し、無線LANで用いられている理由を述
べよ。　　　　　　　　　　　　　　　　　　　　　　　　　（H25－1）

○　光ファイバ無線（Radio over Fiber：RoF）と空間光通信（Free Space
Optical Communications）との違いを簡潔に述べよ。次に、光ファイバ無
線のシステム構成と仕組みを説明せよ。また、光ファイバ無線が応用され
ているシステムと、そのシステムで活かされている光ファイバ無線の特徴
について説明せよ。　　　　　　　　　　　　　　　　　　　（H25－3）

○　無線通信・放送は、電波伝搬に起因する様々な影響を受ける。無線通信
環境において、複数の遅延波が存在するとき、通信路の周波数特性がどの
ようになるか説明せよ。また、複数の遅延波が無線通信・放送システムに
及ぼす影響を、通信路の周波数特性と信号の帯域幅との関係から説明せよ。
さらに、OFDM（Orthogonal Frequency Division Multiplexing）変調が、

複数の遅延波による影響に強い理由を説明せよ。　　　　　（H24－2）

○　LTE（Long Term Evolution）の高速化を実現する要素技術を3つ挙げ、それぞれについて、我が国における第3世代移動通信システムで使われる技術と比較して概説せよ。さらに、LTE－Advancedについて標準化が進められているが、その方式における新たな技術的特徴を2つ以上挙げ、それぞれについて説明せよ。　　　　　　　　　　　　　（H23－1）

○　無線LAN（IEEE802.11b）システムとGPS（Global Positioning System）では、スペクトル拡散通信方式のどのような特徴を利用しているのか、それぞれ特徴を2つずつ挙げて説明せよ。また、第3世代移動通信システムでは、多重アクセス方式としてCDMA（Code Division Multiple Access）が用いられている理由を3つ挙げて説明すると共に、無線LANではなぜCDMAは用いられず他の多重アクセス方式が採用されているのか説明せよ。　　　　　　　　　　　　　　　　　　　　　　　　　（H21－4）

○　複信（Duplex）方式について簡潔に述べよ。複信方式におけるFDDとTDDそれぞれについて、動作概要と特徴を述べ、通信システム例を挙げよ。　　　　　　　　　　　　　　　　　　　　　　　　　　（H20－1）

　無線・移動体通信は、現在の携帯端末の普及を考えると出題されて当然の項目といえます。そのため、情報通信では定番問題となっています。出題されている内容は、最近注目されているものばかりですので、勉強のポイントは絞れると思います。注意しなければならないのは、よく聞く技術だからと安易に考えて対応すると、解答として十分な内容に至らないままに書ける知識が尽きる危険性があります。そういった点で、一度はちゃんと書いてみることが大切です。

（3）通信ネットワーク

○　ネットワークの管理を行うためのSNMP（Simple Network Management Protocol）の仕組みについて説明せよ。さらに、SDN（Software Defined Networking）やNFV（Network Functions Virtualization）に関する運用管理との関連について述べよ。　　　　　　　　　　　　　（R1－4）

○　イーサネットフレームを構成する主な5つのフィールドの役割を説明せ
よ。さらにイーサネットの規格の1つである1000BASE-Tについて、伝送
媒体、伝送方式、伝送距離を含めて概要を説明せよ。　　　　（H30−2）

○　TCP／IPプロトコル4階層モデルでは、送信側と受信側のアドレスなど
を特定するための識別子が各階層で使われている。4つの階層ごとにその
ような識別子を1つ挙げ、それらの識別子がどのような役割を担っている
かを説明せよ。　　　　　　　　　　　　　　　　　　　　　（H30−3）

○　TCP（Transmission Control Protocol）のウィンドウ制御について、そ
のねらい、及び送信側ノードと受信側ノードの間の制御の仕組みを、具体
的に説明せよ。　　　　　　　　　　　　　　　　　　　　　（H29−1）

○　IP（Internet Protocol）ネットワークで使われているIPレイヤの経路制
御技術のうち、最適経路の選択基準が大きく異なる代表的なプロトコル技
術を2つ挙げ、それぞれの最適経路の選択基準を技術的に説明せよ。

（H28−1）

○　通信ネットワークの2点間を結ぶ閉じられた仮想的な直結回線を実現す
るトンネリングプロトコルを1つ取り上げ、具体的にその技術的な定義と
技術の特徴を明らかにせよ。その上で、クラウド間、データセンタ間のト
ンネル化技術（IPsec、VXLAN、GRE等）の技術的トレンドについて説明
せよ。　　　　　　　　　　　　　　　　　　　　　　　　　（H27−1）

○　通信キャリアネットワークを制御するネットワーク機器の機能を汎用
サーバ上にソフトウェアで実装するネットワーク機能仮想化（NFV：
Network Functions Virtualisation）技術に関して、その概要を説明せよ。
また、モバイル通信事業者又は固定通信事業者におけるNFV技術の応用
例（ユースケース）を1つ取り上げ、NFV技術の導入が検討されている
理由を、その技術的な特徴を踏まえ述べよ。　　　　　　　　（H27−4）

○　情報通信機器に使用する半導体デバイスのソフトエラーを考慮する必要
性が高まっている。ソフトエラーについて説明し、必要性が高まっている
理由を説明せよ。また、ソフトエラーの対策について説明せよ。

（H26−2）

○　複数の事業者が提供するクラウドシステム間で相互連携するインターク

ラウド技術について、単体のクラウドシステムで提供するサービスの現状を概観した上で、そのニーズや重要性を説明せよ。また、インタークラウド技術のユースケースを1つ挙げ、ネットワークの観点から、その機能要件及びアーキテクチャについて解説せよ。 (H26 - 4)

○ VoIP（Voice over IP）技術を用いたIP電話は、従来の電子交換機を用いた固定電話と比較して、通話品質や信頼性の面で大きな相違がある。IP電話と固定電話に関して、それぞれの原理を説明せよ。また、通話品質や信頼性の相違が、どのような原理の違いから生じるかを説明せよ。さらに、IP電話の通話品質や信頼性を向上させる技術について述べよ。

(H25 - 2)

○ パブリッククラウドについて説明し、その技術的な特性を挙げよ。また、導入の拡がりを見せている背景を説明せよ。さらに、パブリッククラウドの利用を拡げるためのオープン化技術、あるいは業界標準に関して、情報通信の技術面から、その特徴を述べよ。 (H25 - 4)

○ インターネットトラフィックの急増やデータセンタへのトラフィック集中化などへの対策として、IP／MPLS（Internet Protocol／Multi Protocol Label Switching）が標準化され、通信キャリアのネットワークを中心に適用されてきた。その後、MPLS - TP（Multi Protocol Label Switching - Transport Profile）が標準化され、パケットトランスポート技術の主流となりつつある。こうした状況を踏まえ、IP／MPLS、MPLS - TPが通信事業者向けの技術として必要とされている技術的背景、それぞれの基本原理、特徴について述べよ。さらに、IP／MPLSとMPLS - TPの違いについて述べよ。 (H24 - 3)

○ IP（Internet Protocol）トラフィックの計測手法として、IPフロー計測技術が注目されている。計測対象とされるIPフローの代表的な定義を述べて、それを処理する上での基本的な方法を説明せよ。また、代表的な計測技術を挙げ、その特徴を説明せよ。さらに、ネットワークを運用する上で、計測した結果を使って、どのような問題をどのように解決しているか例を挙げ、その仕組みを説明せよ。 (H24 - 5)

○ 1990年代初頭から、IP（Internet Protocol）アドレス枯渇問題が議論さ

れ、いくつかのIPv 4（version 4）の延命策が開発、適用されてきた。その後、IPアドレスが32ビットから128ビットに拡大されたIPv 6（version 6）が標準化された。IPv 4の主な延命策を2つ以上挙げ、それぞれの特徴と問題点を述べよ。さらに、IPv 4の場合と比較し、IPv 6によるルータへの影響について、2つ以上挙げて説明せよ。　　　　　　　　　（H23－4）

○　IP通信におけるQoS（Quality of Service）について、なぜQoS制御が必要なのか、最近の動向を踏まえてその理由を述べよ。また、関連する下記の3つの機能について動作の概要を示せ。さらに、これらの機能をどのように組み合わせると、QoS制御の面で効果的と考えられるか、を述べよ。
　　　　　　　　　　　　　　　　　　　　　　　　　　（H23－5）

(1)　優先制御

(2)　帯域制御

(3)　フロー制御

○　呼制御プロトコルとは何かについて、機能と必要性の観点から簡潔に説明せよ。また、代表的な呼制御プロトコルであるSession Initiation Protocol（SIP）で用いられるメッセージの構造と機能について説明し、なぜSIPが呼制御プロトコルの主流になっているか述べよ。さらに、SIPの今後の課題について述べよ。　　　　　　　　　　　　　　　　　（H22－1）

○　ルータがIP（Internet Protocol）パケットを処理する上での基本原理を説明し、類似の処理をする他方式との違いについて簡潔に述べよ。ルータのアーキテクチャの変遷に関して、背景と特徴、及び今後の見通しについて説明せよ。　　　　　　　　　　　　　　　　　　　（H21－2）

○　「クラウド」の活用が注目されているが、その背景と概要、技術的特徴を述べよ。情報通信サービスの観点から、今後取り組むべき課題を3つ挙げ、説明せよ。　　　　　　　　　　　　　　　　　　　（H21－5）

○　IP網でプライベートアドレスを使うことの利点を3つ挙げ、述べよ。この際にゲートウェイとなるサーバやルータは、複数の内部機器のアドレスを1つのグローバルアドレスに変換することがある。この場合にも、各内部機器と外部との個々の通信を確立できる仕組みについて述べよ。また、このときの制約について述べよ。　　　　　　　　　　（H20－3）

○　OSIの7階層プロトコルモデルにおいて、IEEE802.11が規定する無線
　LANの標準化対象部分を、プロトコルスタックとその名称を図面に描いて
　示せ。

　　IEEE802.11bにおいて標準化された主な機能をレイヤごとに3つ挙げ、
　述べよ。また、IEEE802.11bとIEEE802.11gの相違点を2つ述べよ。

　　　　　　　　　　　　　　　　　　　　　　　　　　　　　（H20－5）

　通信ネットワークの内容も情報通信では定番かつ主力の問題といえます。そ
れは、最近のネットワーク技術の社会での活用状況を考慮すると、当然のこと
といえます。出題されている内容をみると非常に基礎的なレベルが出題されて
いますので、対応は容易であると考えてしまいます。しかし、先の無線・移動
体通信の項目と同様に、よく聞く技術だからと安易に考えて対応すると、解答
として十分な内容に至らないままに書ける内容が尽きる場合があります。そう
いった点で、一度はちゃんと書いてみることが大切です。

（4）変調・符号化

○　OFDM（Orthogonal Frequency Division Multiplexing）変調信号の生
　成法について説明せよ。さらにOFDM変調信号の持つ利点と欠点をそれ
　ぞれ説明し、どのような通信システムへの適用がふさわしいか述べよ。

　　　　　　　　　　　　　　　　　　　　　　　　　　　　　（R1－3）

○　FEC（Forward Error Correction）の概要と特徴を、ARQ（Automatic
　Repeat reQuest）と対比して述べよ。次にFECの1つであるRS（255、
　239）符号に関し、この符号の2つの能力について具体的な数値を用いて
　述べよ。また地上デジタル放送で採用されている連接符号（Concatenated
　Code）について、その構成と、それが採用されている理由について述べよ。

　　　　　　　　　　　　　　　　　　　　　　　　　　　　　（H28－3）

○　誤り訂正符号はディジタル通信・放送に不可欠な技術である。誤り訂正
　符号のうち、近年、実システムで採用されているターボ（Turbo）符号に
　ついて、その符号器・復号器の基本構成を説明せよ。また、ターボ符号の
　復号には繰り返し復号法が用いられるが、繰り返し復号法の原理を復号器

の基本構成を用いて説明せよ。さらに、ターボ符号の誤り率特性に見られる特徴を説明せよ。　　　　　　　　　　　　　　　　　　（H24-1）

○　現在携帯電話に使用されているCDMA（Code Division Multiple Access）携帯電話無線通信方式は、それまでのFDMA（Frequency Division Multiple Access）やTDMA（Time Division Multiple Access）における置局設計上の難点であった周波数リユースを不要にするとともに、さらなる大容量化を実現している。その特徴の1つは、単なるスペクトル拡散ではなく、拡散コードにロングコード（スクランブリングコード）とショートコード（チャネライゼーションコード）が組み合わされて適用されている点にある。これら2種のコードそれぞれの特徴と組み合わせ法、並びに組み合わせた効果について述べよ。　　　　　　　　　　（H23-2）

○　リードソロモン符号と畳み込み符号の2種類の誤り訂正符号（Forward Error Correction）の特徴をそれぞれ述べよ。また、これら2つの符号を組み合わせて用いる利点について説明せよ。さらに、これらの誤り訂正符号と自動再送要求（Automatic Repeat Request）を組み合わせて用いる利点について述べよ。　　　　　　　　　　　　　　　　（H22-3）

○　高効率無線伝送において、適応スケジューリング及び適応符号化変調方式を用いる目的とそれぞれの動作原理について述べよ。また、第3世代移動通信システム（HSPA：High Speed Packet Access、LTE：Long Term Evolution）やWiMAXなどのブロードバンドワイヤレスシステムにおいて、より高速で誤り率特性の優れたデータ伝送を実現するために、これらがどのように適用されているか説明せよ。　　　　　　（H22-4）

○　ナイキスト周波数、折り返し雑音、アパーチャ効果、実際の標本化周波数とナイキスト周波数との関係について、それぞれ説明せよ。また、最大周波数が20 kHzの周波数成分を持つアナログ信号を、標本化定理を満足するようにサンプリングし、1024レベルで量子化を行ったのち、2値のPCM（Pulse Code Modulation）信号として伝送するとき、ビットレートは最低いくら必要か。　　　　　　　　　　　　　　（H21-1）

○　通信路における伝送誤りを低減できる誤り訂正（Forward Error Correction：FEC）と自動再送（Automatic Repeat Request：ARQ）そ

れぞれについて、(i) 基本原理と特徴、及び (ii) 動作の分類と特徴を述
べよ。 (H20－4)

　変調・符号化については、情報通信においては基幹的な技術ですので、一時
期を除いて安定して出題されています。そういった点で、準定番問題といえま
す。どの問題も、この項目では基礎的な用語を説明する設問になっていますの
で、出題された場合には対応できる受験者が多いと思います。情報通信の基礎
技術に関与している受験者は、この項目で扱う内容をしっかりと復習しておく
とよいでしょう。

(5) 放送・画像情報等

○　インターネット上での映像ストリームの配信技術に関しては、様々な方
　　式が提案されている。映像コンテンツ配信サービスやVOD（Video on
　　Demand）サービスで広く使われている配信技術のうち、その1つを取り
　　上げ、その原理と特徴を説明せよ。また、映像配信の品質を向上させる技
　　術について述べよ。 (H26－3)

○　動画圧縮技術のうち、Motion-JPEGとMPEGについて違いを簡潔に述
　　べよ。さらに、MPEGについて、動画を圧縮する処理を4つに分け、それ
　　ぞれの処理の内容と、その処理をとる理由について説明せよ。

(H22－2)

　情報通信では、有線通信、無線・移動体通信、通信ネットワークの3つが定
番問題ですが、準定番問題の変調・符号化に替えて放送・画像情報等の問題が
出題された年度がありますので、ここで紹介させていただきます。基本的に、
3つの定番問題に絞って勉強しておくという考え方で、これらの項目はスルー
するという認識でよいと思います。

5. 電 気 設 備

電気設備の選択科目の内容は次のとおりです。

建築電気設備、施設電気設備、工場電気設備その他の電気設備に係るシステム計画、設備計画、施工計画、施工設備及び運営に関する事項

電気設備で出題されている問題は、受変電設備、幹線・配電設備、発電・電力貯蔵設備、負荷設備、監視制御・自動火災報知設備等、接地、障害、社会・環境、維持管理に大別されます。なお、解答する答案用紙枚数は1枚（600字以内）です。

（1）受変電設備

○ 複数の需要家が接続されている電力会社の非接地高圧配電系統において、1つの需要家構内で高圧1線地絡（完全地絡）事故が生じた時の地絡電流の経路を図示し、地絡方向継電器の地絡事故判定の仕組みと必要性を述べよ。　　　　　　　　　　　　　　　　　　　　　　　（R1－1）

○ 自家用電気設備への導入が進んでいる低圧絶縁監視装置について、その概要と、代表的な検出方式である I_{or} 方式、I_{gr} 方式のうちから1つを挙げ、その動作原理と特徴等を述べよ。　　　　　　　　　　　　（H30－2）

○ 住宅向けに設置が進んでいる電力用スマートメーターシステムについて、その概要、電力会社や家庭内の通信ルートに使用されるAルートとBルートの役割、及びサイバーセキュリティに対する留意点を述べよ。

　　　　　　　　　　　　　　　　　　　　　　　　　　　　　（H29－3）

○ 商用電源から電力供給される低圧回路において、太い幹線から細い幹線を分岐する場合、分岐部に細い幹線を保護する過電流遮断器を設置しなけ

ればならない。ただし、一定の条件を満たせば当該遮断器を省略できる。その条件（細い幹線の太さと長さ）と理由について述べよ。（H28－3）

○ 高圧交流電路を開閉する代表的な開閉機器である断路器、負荷開閉器及び遮断器の機能・性能を説明し、それぞれの開閉機器の用途と種類を挙げよ。（H27－3）

○ 自家用電気工作物の低圧側において、過電圧が発生する事例を2つ挙げ、それぞれについて過電圧発生の原因、メカニズム及び対策について述べよ。（H26－1）

○ 変圧器を系統側に接続した際の励磁突入電流の発生原理を説明し、電気設備構成上考慮すべき事項を2例挙げ、それぞれの対策について述べよ。（H25－3）

○ 高圧受変電設備の概要を述べよ。さらに、設計あるいは設置に際して配慮すべき事項を3つ挙げ、それぞれの要点を述べよ。（H24－1）

○ 過電圧保護素子に関する以下の問いに答えよ。（H22－5）

(1) 現在、高圧用避雷器では主として酸化亜鉛（ZnO）素子が使われているが、その主たる理由を3点述べよ。

(2) 低圧用サージ保護装置では、ZnOを用いていないものもあるが、それらの例を2種類挙げよ。

(3) 下記の左図で、避雷器端に発生する電圧 Va と流れる電流 Ia は、右図に示す交点で与えられる。Vo＝60 kV、R＝400 Ω、避雷器の電圧－電流（V－I）特性が V＝2000 $\sqrt{I}$ （V の単位はボルト、I の単位はアンペア）であるとした時、流れる電流 Ia の値を求めよ。

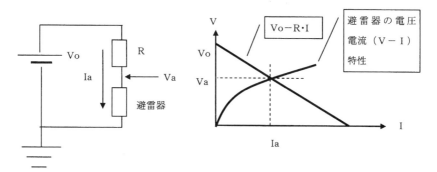

○　受変電設備の主変圧器はLTC制御されることがある。　　（H21－1）

　(1) このLTC制御とはどのような制御であり、何を目的とした制御か。

　(2) 単線結線図を図示し、この図を用いて動作を述べよ。

○　電力需要設備の「使用前自主検査」に関して、実施する検査項目を4項
　目挙げ、それぞれの内容を述べよ。　　　　　　　　　　　（H21－2）

○　ビルなど大量の電力を必要とする設備では「力率の向上策」を講じてい
　る。その必要性を述べよ。また、具体的な方法を、図面を用いて説明せよ。
　　　　　　　　　　　　　　　　　　　　　　　　　　　　（H20－2）

○　計器用変成器のうち、変流器（CT）の役割と二次側を開路してはなら
　ない理由を述べよ。　　　　　　　　　　　　　　　　　　（H20－3）

　受変電設備は、電気設備では定番問題といえます。これまでに出題された内
容は、基礎的な内容が多く、実務で経験したことのある内容が出題されていま
すので、電気設備設計の経験がある受験者にとっては扱いやすい問題といえま
す。ただし、知っていることと書けることは別物ですので、問題を見てわかる
なと感じても、実際にいくつかを書いてみて、体験しておくことが重要です。

(2) 幹線・配電設備

○　電線にケーブルを使用した地中電線路の施設方式を挙げ、その中から
　2方式を選び、その方式の概要（構造、適用場所、所要性能等）と施設上
　の留意点を説明し、それぞれの特徴を比較せよ。　　　　　（H28－1）

○　低圧屋内幹線に使用されている代表的な配電方式を4つ挙げ、結線図を
　示してその概要及び特徴を述べよ。　　　　　　　　　　　（H23－3）

○　電力ケーブルに関する以下の問いに答えよ。　　　　　　（H22－1）

　(1) 6 kVCV－T及び6 kVCET／Fについて、和名の製品名称を述べる
　　とともに、構造（材質）が分かる断面図を画き、そこに示された各部の
　　機能（求められる条件）を説明せよ。

　(2) EMケーブル（電線）について、その特徴と使用時の注意点を述べよ。

○　高圧設備に使用されるケーブルについて、以下の問いに答えよ。

　　　　　　　　　　　　　　　　　　　　　　　　　　　　（H21－4）

(1) 現在、最もよく使用されているケーブルの名称を述べよ。

(2) そのケーブルの劣化原因の代表的なもの2例について、簡潔に述べよ。

(3) そのケーブルの絶縁診断の方法で、現場でよく使用される方法を2つ明示した上で、どちらか1つについて測定方法及び留意点について述べよ。

幹線・配電設備は、現場では苦労する設備ですし、設計時にも変更が多く生じる設備ですので、電気設備分野では重要な設備といえますが、これまで出題された問題数は多くありません。一方、業務で経験したことのない受験者にとっては対応が難しい項目といえます。しかし、出題されている内容をみると狭い範囲にとどまっていますので、勉強するにはそれほど苦労を必要としない項目といえます。

(3) 発電・電力貯蔵設備

○ 電気設備に用いられる二次電池のうち鉛蓄電池、NaS電池、レドックスフロー電池、リチウムイオン電池、ニッケル水素電池のうちから2つを挙げ、それぞれの概要・特徴及び活用例を述べよ。　　　　　(H30-1)

○ 系統連系されている太陽光発電装置がある建築物に設置される電力平準化用蓄電装置の概要(目的、構成要素等)とその機能を2つ以上挙げ、それぞれの機能の特徴を述べよ。　　　　　(H29-2)

○ コージェネレーションシステムにおいて電力を主とした運転方式には、ピークカット運転、ベースロード運転、負荷追従運転の3種類がある。そのうちの2種類を選び、各々の概要、特徴及び適用について述べよ。

　　　　　(H28-2)

○ 風力発電設備が連系された電力系統における単独運転について、単独運転とはどのような現象か説明し、単独運転を検出する必要性について2例述べよ。さらに、現在実用化されている単独運転の検出手法を2つ挙げ、それぞれの原理について述べよ。　　　　　(H25-4)

○ 停電時にも有効利用が期待される住宅の電力供給設備を3つ挙げ、そのうちの1つについて現状の課題とその解決策を述べよ。　　　　　(H24-4)

○　太陽光発電を商用電源との連系を前提として導入するに際して、以下の問いに答えよ。　　　　　　　　　　　　　　　　　　（H23－2）

(1) 平成21年11月から実施された固定買い取り制度に関する概要と問題点を述べよ。

(2) 上記のような料金制度を可能とした太陽光発電システム全体のブロック図を示せ。

(3) (2)で示したブロック図をもとに、商用電源が停電した場合の自立運転について述べよ。

○　電気設備からみた電力貯蔵技術の例を3つ挙げ、それぞれについて概要と課題を述べよ。　　　　　　　　　　　　　　　　　　（H23－5）

○　地震災害発生時に、非常電源は機能を確保しなければならない。非常電源設備を構築する観点から、地震対策上注意すべき箇所を5項目挙げ、そのうちの3項目について耐震処置の概要を述べよ。　　　　　　（H22－2）

○　太陽光発電について、以下の問いに答えよ。　　　　　　（H22－3）

(1) 太陽電池のI－V特性又はP－V特性の概略を画き、この特性に影響を与える要因を2つ挙げ、その傾向（発電電力の大小への影響）を定性的に述べよ。

(2) 商用電源と系統連系した太陽光発電システムのブロック図を画け。

(3) パワーコンディショナーの具備すべき機能を列挙せよ。

(4) このシステムでは、電気設備の技術基準からすると、電圧区分によってどのような接地を施す必要があるかを述べよ。

○　電気二重層キャパシタの基本的な特性及び応用例について述べよ。

　　　　　　　　　　　　　　　　　　　　　　　　　　　　（H20－5）

　発電・電力貯蔵設備は、東日本大震災直後の計画停電などの経験から、電気設備関連の技術者にとって重要性を増している項目といえます。また、再生可能エネルギーの導入が今後も増加することを考えると、電力の安定供給に電力貯蔵技術は欠かせないものといえます。そういった状況から、最近では出題が定番化していっているようです。これらの内容は実務でも重要性が高まっていますので、しっかり勉強しておく必要があるといえます。

(4) 負荷設備

○ 住宅、ビル、ショッピングセンター、高速道路サービスエリアなどで利用される電気自動車の充電設備の方式を2つ挙げ、それぞれについて電気自動車と充電設備間の電気仕様と設備設置・管理上の留意点を述べよ。

(R1-3)

○ 三相かご形誘導電動機の代表的な始動方式を3つ挙げ、それぞれの概要と特性・特徴を述べよ。 (H29-1)

○ 近年、電気設備に直流機器の導入例が増加しつつあるが、直流機器を含む電気設備の保護システムを考える上で技術的な課題を2点挙げ、それぞれの対策について述べよ。 (H25-2)

○ LED照明の概要を説明し、照明設備として導入する場合に配慮すべき事項を3つ挙げ、それぞれの要点を述べよ。 (H24-3)

○ 家庭用や業務用でオール電化が普及しつつある。オール電化の概要を述べるとともに、これを可能とした代表的な製品を2つ挙げ、その長所・短所について述べよ。 (H23-1)

　負荷設備は、動力設備、照明設備、家電設備、情報設備など、多くのものを包含していますが、出題問題数は多くはありません。そういった点から、全般に勉強するとなると、受験勉強に時間を取られる項目だといえます。受験者にとっては、得意分野とそうでない分野があると思いますので、得意分野を扱った内容が出題されたら対応するというような認識でいればよいと考えます。

(5) 監視制御・自動火災報知設備等

○ 無線通信技術の1つであるLPWA（Low Power Wide Area）方式について、その概要と特徴を述べよ。また、LPWAの活用例を2つ挙げ説明せよ。 (R1-4)

○ 建築設備の各種監視・制御システムを構成するためのBAフィールドネットワーク（建築設備サブシステム）に用いられる一般に公開されている通信プロトコルのうち、BACnet（MS／TP）、LONTalk、Modbus、KNX、DALIのうちから2つを挙げ、それぞれの概要（規格名、通信方法・

方式、特徴、留意点等）と建築設備サブシステムへの適用範囲（建築設備
名称等）を述べよ。 (H30－4)

○ 放送サービスの高度化が進められている中で、電波を受信して構成され
るテレビ共同受信システムに関し、今後サービスが提供される 4K・8K 放
送の概要と構成要素（受信点機器、増幅器、伝送機器、線路）内から 3 要
素を選び、それぞれの具体的な内容と計画する場合の留意点を述べよ。

(H29－4)

○ 近年の新築建物で、耐火構造で外部から閉ざされた大空間・高天井（15
m 以上～20 m 未満）に自動火災報知設備の感知器を設置する際、適応可
能な感知器の名称を 3 つ挙げ、そのうちあなたが望ましいと考える感知器
2 つについて、特徴及び選択理由を述べよ。 (H26－4)

○ ビルなどに設置されている自動火災報知装置の構成要素 5 つを簡潔に説
明し、これらを設置する際の留意点について述べよ。 (H21－3)

自動火災報知設備等は重要な設備ですが、消防法などの法律も絡むことから、
内容を正確に文章にする自信がないという受験者も多いと思います。放送設備
については、4K・8K 放送の普及を受けて、トピックス的に出題された内容に
なります。なお、LPWA は、IoT 技術を使った監視制御分野に広がっていくと
考えられますので、今後も施設の維持管理のために使われる技術と認識してお
く必要があります。

(6) 接 地

○ TN 系統、TT 系統及び IT 系統の回路構成を説明せよ。また、TN 系統
及び TT 系統において、高低圧混触時に低圧機器の電路と導電性露出部分
（金属製外箱）間に生じる電圧について説明せよ。 (H27－4)

○ 接地に関する以下の問いについて、3 問中 2 問を選択して答えよ。

(H21－5)

(1) 電気設備技術基準で示されている接地工事の種類を述べ、それらの概
要を説明せよ。

(2) 電気設備技術基準では所定の接地抵抗値が定められているが、その値

が得られない場合の対策法を複数示し、それらの方策を適用する場合の留意点について述べよ。

(3) 下図のような半径rの半球状の接地電極の接地抵抗値を以下A)〜C)のように求めよ。ただし大地の抵抗率をρとする。

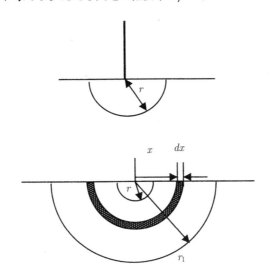

A) 上図のように電極の中心からxだけ離れた点で、厚みdxの同心球部分の抵抗dRを求めよ。（曲面部分を等価的に平板と考えて抵抗値を計算する。等価的な平板の厚みはdx、面積は半球の表面積を用いる。）

B) 電極表面（$x=r$）から、距離r_1までの合成抵抗値を求めよ。

C) 距離r_1を無限に大きくしたときの抵抗値を求めよ。

接地は、昔から「古くからある新しい問題」といわれているとおり、非常に重要で、電気的な障害を除去するためには欠かせない技術です。実務の面でいえば、多くの人に勉強してもらいたい項目であるのは間違いありません。しかし、勉強するとなると、奥が深い技術項目ですので、覚悟を持って勉強する必要があります。ただし、技術士第二次試験での出題頻度はそれほど高くないので、思い切って出題されたらスルーするという判断もあります。

（7）障　害

○　現在の建築設備耐震設計において、高さ60 m以下の建築物に設置される建築設備の耐震措置を検討する際の基本的考え方と検討手法、技術的留意点を述べよ。　　　　　　　　　　　　　　　　　　　（R1－2）

○　100／200 V単相3線式電路において中性線に欠相が発生した場合、被害が発生するメカニズムと、その保護に使用される中性線欠相保護機能を有する遮断器（配線用遮断器又は漏電遮断器）の欠相保護機能等について説明せよ。　　　　　　　　　　　　　　　　　　　　　　　（H28－4）

○　高圧需要家設備における高調波の発生要因を述べよ。また、電力機器の損傷を防止するために、高調波電流の電力系統への流出抑制対策を2例挙げ、それぞれの内容を述べよ。　　　　　　　　　　　　　　（H27－1）

○　複数の需要家が接続されている電力会社の非接地高圧配電系統において、1つの需要家構内で高圧1線地絡事故が生じたときの地絡電流の経路を示し、地絡方向継電器が動作する仕組みを述べよ。　　　　　　（H27－2）

○　電気設備の低圧側において地絡の故障が生じた際に、感電するメカニズムを述べ、有効となる感電保護対策を2例挙げ、それぞれの対策について述べよ。　　　　　　　　　　　　　　　　　　　　　　　　　（H26－2）

○　電気設備の耐震について、その目的を説明せよ。また、自立型配電盤の据え付けに関して、局部震度法による耐震設計の手法について述べよ。

（H26－3）

○　電気設備における高調波が引き起こす問題の事例を2つ挙げ、それぞれの原因と対策を述べよ。　　　　　　　　　　　　　　　　（H24－2）

○　避雷器に求められる電気的特性を述べよ。また、避雷器を設置するときに考慮すべき事項を述べよ。　　　　　　　　　　　　　　　（H20－1）

○　瞬時電圧低下（瞬低）の発生メカニズムについて述べるとともに、需要家における対策について説明せよ。　　　　　　　　　　　　（H20－4）

　電気設備は、自然災害だけではなく、劣化やなんらかの故障でさまざまな事象を発現します。その際に、その被害を最小限にするための対策が事前にとられていなければなりません。そういった点で、電気設備技術者の能力を図る尺

度ともなるべき項目ですので、これまで多くの問題が出題されています。この項目は、実務の面でも勉強すべき項目ですが、受験者の実力が如実に現れる項目である点を認識して、心して対応すべき内容と考えてください。

(8) 社会・環境

○ 「エネルギーの使用の合理化等に関する法律」に規定されるトップランナー制度について、その概要と、トップランナー制度対象機器である三相誘導電動機、変圧器のうちから1つを挙げ、機器に採用されている損失低減化技術及びリプレースに当たっての留意点を述べよ。　　(H30－3)

○ ユニバーサルデザインの要素（原則）を3つ挙げ、それぞれについて例を述べよ。さらに、あなたが関わる施設の電気設備において、機器単体ではなくシステムとして、ユニバーサルデザインをどのように取り入れるかについて考えを述べよ。　　(H24－5)

電気設備は、人の生活環境に直接影響する設備を扱っているため、社会情勢の影響を大きく受けます。具体的には、エネルギーや環境問題から求められる対応の変化や、少子高齢化などの社会構造変革から生じるニーズの変化への対応です。そういった内容に対する基礎知識を問う問題もこれまで出題されています。このような内容は、選択科目（Ⅲ）や必須科目（Ⅰ）でも取り上げられますので、電気電子部門の受験者であれば勉強せざるをえない内容でもあります。そういった点で、出題された場合には、積極的に選択してもらいたい項目です。

(9) 維持管理

○ 受電設備で実施される絶縁劣化診断の技術について2例を挙げ、その概要、及び問題点をそれぞれ述べよ。　　(H25－1)

○ 建築基準法12条では「特殊建築物等」に建築設備の「定期検査」を義務づけている。この「定期検査」で定められている電気設備を2つ挙げ、それぞれについて求められる機能と検査内容を述べよ。　　(H23－4)

○ クランプ式電流計について、以下の問いに答えよ。　　(H22－4)

(1) クランプ式電流計の長所を複数述べよ。

(2) 代表的な種類のクランプ式電流計を1つ取り上げ、図を用いてその測定原理と特徴を述べよ。

(3) 漏れ電流の測定に関する留意点を複数述べよ。

　電気設備の実務では多岐にわたる設備を扱いますが、それぞれの設備を長期に良好な状態に維持する活動は欠かせません。そういった点で、今後、適切な維持管理を継続していくために知っておくべき内容に関する出題は継続すると考えられます。

第3章

選択科目（Ⅱ－2）の要点と対策

　選択科目（Ⅱ－2）の出題概念は、令和元年度試験からは『これまでに習得した知識や経験に基づき、与えられた条件に合わせて、問題や課題を正しく認識し、必要な分析を行い、業務遂行手順や業務上留意すべき点、工夫を要する点等について説明できる能力』となりました。

　また、出題内容としては、平成30年度試験までとほぼ同様に、『「選択科目」に関係する業務に関し、与えられた条件に合わせて、専門知識や実務経験に基づいて業務遂行手順が説明でき、業務上で留意すべき点や工夫を要する点等についての認識があるかどうかを問う。』とされています。そのため、平成25年度試験以降の過去問題は参考になると考えます。

　評価項目としては、『技術士に求められる資質能力（コンピテンシー）のうち、専門的学識、マネジメント、コミュニケーション、リーダーシップの各項目』となりました。専門知識問題と違っている点は、「マネジメント」と「リーダーシップ」が加えられている点です。ですから、解答に当たっては、その業務の責任者として対応している点を意識して解答を作成する必要があります。

　なお、本章で示す問題文末尾の（　）内に示した内容は、R1－1が令和元年度試験の問題の1番を示し、Hは平成を示しています。また、（練習）は著者が作成した練習問題を示します。

1. 電力・エネルギーシステム

電力・エネルギーシステムで出題されている問題は、新設業務、海外業務、運用業務、維持管理・更新業務に大別されます。なお、解答する答案用紙枚数は2枚（1,200字以内）です。

(1) 新設業務

○ 新設建物の内部（地下を含む）に建設する配電用変電所の設計責任者として業務を進めるに当たり、下記の内容について記述せよ。　（R1−2）

(1) 調査、検討すべき事項とその内容について説明せよ。

(2) 業務を進める手順について、留意すべき点、工夫を要する点を含めて述べよ。

(3) 業務を効率的、効果的に進めるための関係者との調整方策について述べよ。

○ あなたが、総発電容量30 MWの陸上風力発電開発事業のプロジェクトマネージャーになったとして、以下の問いに答えよ。　　　　　（H30−2）

(1) 事業計画に当たり最初に実施する立地調査と風況精査について、それぞれ重要な実施項目を2つずつ抽出し、それぞれ、何れか1つの項目について具体的に説明せよ。

(2) 基本設計において実施すべき検討項目を3つ抽出し、その何れか1つについて具体的に説明せよ。

(3) 風力発電開発事業において想定されるリスクを2つ抽出し、その何れか1つについて具体的に説明せよ。

○ あなたが、我が国における配電地中化工事プロジェクトの工事責任者になったとして、以下の問いに答えよ。　　　　　　　　　　（H28−2）

(1) 工事を完遂するに当たり、工事責任者として把握すべき配電地中化工

事プロジェクトの意義にはどのようなものがあるか、あなたの考えを述べよ。

(2) 工事を進める手順について述べよ。

(3) 工事を進める際に留意すべき事項について述べよ。

○ あなたが、メガソーラー（大容量太陽光発電所）新設工事のプロジェクトマネージャーになったとして、以下の問いに答えよ。　　　(H27 - 1)

(1) 業務の計画を立案するに当たって調査、検討すべき内容について述べよ。

(2) 業務を進める手順について述べよ。

(3) 業務を進める際に留意すべき事項について述べよ。

○ 変電所の設置、増設の際には公共の安全の確保の観点から、電気事業法が定める「使用前自主検査」の実施が義務付けられる場合がある。あなたが、この検査の責任者として業務を進めるに当たり、下記の内容について記述せよ。　　　(H27 - 2)

(1) 検査の目的

(2) 検査前の準備と検査を進める手順

(3) 検査前の準備と検査を進める際に留意すべき事項

○ 電力系統に系統の安定化を図るために、大規模電力貯蔵システムを導入する業務の設計責任者として業務を進めるに当たり、下記の内容について記述せよ。　　　(練習)

(1) 調査、検討すべき事項とその内容について説明せよ。

(2) 業務を進める手順について、留意すべき点、工夫を要する点を含めて述べよ。

(3) 業務を効率的、効果的に進めるための関係者との調整方策について述べよ。

○ 出力2万kWの地熱発電所の設計責任者として業務を進めるに当たり、下記の内容について記述せよ。　　　(練習)

(1) 調査、検討すべき事項とその内容について説明せよ。

(2) 業務を進める手順について、留意すべき点、工夫を要する点を含めて述べよ。

(3) 業務を効率的、効果的に進めるための関係者との調整方策について述
　　べよ。

　電力設備の新設業務はそれほど頻繁には発生しませんが、問題としては多く
出題されています。実際の計画に当たっては、必要な手続きや説明会の開催な
ども必要であり、かつ工期も長期にわたる点を考慮して解答を作成する必要が
あります。そういった過去の事例を事前に勉強していれば、解答の内容が深ま
ると思います。なお、過去の事例のみの焼き直しだけではなく、現在の社会情
勢や技術動向などの知識も加えて解答することが大切です。

(2) 海外業務

○　あなたが、海外のA国（発展途上国）における揚水発電所新設工事プロ
　　ジェクトマネージャーになったとして、下記の内容について記述せよ。

　　　　　　　　　　　　　　　　　　　　　　　　　　　　　　　(H29−1)

　　(1) 業務の計画を立案するに当たって調査、検討すべき内容

　　(2) 業務を進める手順

　　(3) 留意すべき事項

○　あなたが、海外のA国（発展途上国）における送電線新設工事のプロ
　　ジェクトマネージャーになったとして以下の問いに答えよ。　(H26−2)

　　(1) 業務の計画を立案するに当たって調査、検討すべき内容について述べ
　　　　よ。

　　(2) 業務を進める手順について述べよ。

　　(3) 業務を進める際に留意すべき事項について述べよ。

○　あなたが、海外のA国（発展途上国）における火力発電設備整備計画
　　（フィージビリティスタディ段階）を提案するコンサルタントになったと
　　して以下の問いに答えよ。　　　　　　　　　　　　　　　　　(H25−1)

　　(1) 重要だと思われる提案項目を5項目挙げよ。

　　(2) 上記の項目を提案する上で必要なA国についての調査内容と提案項目
　　　　の関係を項目ごとに述べよ。

○　あなたが、海外のA国（発展途上国）における既設石炭火力発電所を

低炭素化するリニューアルプロジェクトのマネージャーになったとして以下の問いに答えよ。　　　　　　　　　　　　　　　　　（練習）

(1) 調査、検討すべき事項とその内容について説明せよ。

(2) 業務を進める手順について、留意すべき点、工夫を要する点を含めて述べよ。

(3) 業務を効率的、効果的に進めるための関係者との調整方策について述べよ。

我が国では、人口減少時代に入り、新たな電力設備の導入は多くは期待されていませんが、海外の発展途上国では電力需要が大きく伸びており、我が国が持つ最新技術の移転が強く求められています。また、地球温暖化の防止のためにも、低炭素化技術の導入が強く求められています。そういった国際的な要望を理解して解答を作成する必要があります。

(3) 運用業務

○ 盛夏の電力消費のピーク時に気象庁より雷注意報が発令された。発雷による社会生活に及ぼす影響を最小限にするために、電力系統運用者の立場で以下の問いに答えよ。　　　　　　　　　　　　　　　（H26－1）

(1) 発雷時にも電力系統の安定運用を可能な限り維持するために検討すべき事項を説明せよ。

(2) 検討した事項を適切に系統運用に反映するため、緊急時の運用業務について説明せよ。

(3) 緊急時の運用業務を遂行する際に留意すべき事項を説明せよ。

○ 重要火力発電所が立地している地域に大規模な地震が発生した。電力システムへの影響を最小限にするために、電力系統運用者の立場で以下の問いに答えよ。　　　　　　　　　　　　　　　　　　　　　（練習）

(1) 災害直後に電力系統の安定運用を可能な限り維持するために調査すべき事項を説明せよ。

(2) 調査した結果を生かして、電力システムを維持するための運用業務について説明せよ。

(3) 緊急時の運用業務を遂行する際に留意すべき事項を説明せよ。

○　再生可能エネルギーが大量に導入されたエリアの電力系統の運用管理責任者として業務を進めるに当たり、下記の内容について記述せよ。

（練習）

(1) 運用指針を策定する際に調査・検討すべき事項とその内容について説明せよ。

(2) 業務を進める手順について、留意すべき点、工夫を要する点を含めて述べよ。

(3) 運用を安定的、効率的に進めるための関係者との調整方策について述べよ。

　最近では、多くの新規発電事業者が参入してきており、さまざまな再生可能エネルギーが電力系統に連系されてきています。一方、災害の激甚化により、電力システムの安定運用に課題も生じてきています。さらに既存の電力設備の劣化も進んでおり、安定的な運用に支障をもたらすと想定されています。そういった社会情勢を十分に理解して、事前に過去の事例などを調査して試験に臨むことが求められます。

(4) 維持管理・更新業務

○　あなたが、水力発電所をリニューアルするプロジェクトの責任者として業務を進めるに当たり、下記の内容について記述せよ。　　　　（R1－1）

(1) 調査、検討すべき事項とその内容について説明せよ。

(2) 業務を進める手順について、留意すべき点、工夫を要する点を含めて述べよ。

(3) 業務を効率的、効果的に進めるための関係者との調整方策について述べよ。

○　高経年電力設備の設備更新が大きな課題となっている。あなたが送電線設計業務の責任者として送電鉄塔の建替工事を実施するに当たり、下記の内容について記述せよ。　　　　（H30－1）

(1) 業務を実施するに当たって調査、検討すべき内容

(2) 業務を進める手順

(3) 業務を遂行する際に留意すべき事項

○　あなたが、変電所の保守業務の責任者として機器の設備更新工事を実施するに当たり、下記の内容について記述せよ。　　　　　　　　(H29－2)

(1) 想定する機器と、設備更新工事の計画を立案するに当たって調査、検討すべき内容

(2) 設備更新工事の業務を進める手順

(3) 設備更新工事の業務を遂行する際に留意すべき事項

○　大規模災害時の業務の継続や保安を目的として72時間以上の電力供給が可能な非常用発電機を導入するプロジェクトの計画責任者として、以下の内容について記述せよ。　　　　　　　　　　　　　　(H28－1)

(1) プロジェクトを計画する手順と検討すべき項目

(2) プロジェクトを計画するに当たって留意すべき事項

○　あなたが、発変電所の保守業務の責任者として機器の設備補修又は設備更新工事を実施するに当たり、下記の内容について記述せよ。

　　　　　　　　　　　　　　　　　　　　　　　　　　　　(H25－2)

(1) 想定する機器の内容

(2) 設備補修又は設備更新工事の計画を立案するに当たって調査、検討すべき内容

(3) 設備補修又は設備更新工事の業務を進める手順

(4) 設備補修又は設備更新工事の業務を遂行する際に留意すべき事項

○　あなたが、電力システムの一層の省エネルギー化を図るための検討プロジェクトの責任者として業務を進めるに当たり、下記の内容について記述せよ。　　　　　　　　　　　　　　　　　　　　　　　　(練習)

(1) 調査、検討すべき事項とその内容について説明せよ。

(2) 業務を進める手順について、留意すべき点、工夫を要する点を含めて述べよ。

(3) 業務を効率的、効果的に進めるための関係者との調整方策について述べよ。

　電力分野においては、新規参入事業者との競争も生じてきており、維持管理における効率化も求められてきています。一方、電力設備の老朽化も進んできており、経済的なリニューアルの計画や実施が求められるとともに、新技術を使った維持管理の効率化や情報化なども検討されなければならない状況となっています。そういった点を認識した解答ができるように準備を行う必要があります。

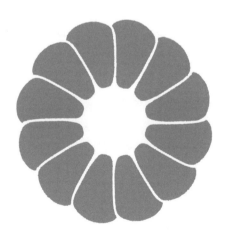

2. 電 気 応 用

電気応用で出題されている問題は、開発業務、設計業務、対策業務に大別されます。なお、解答する答案用紙枚数は2枚（1,200字以内）です。

(1) 開発業務

○ 近年、防犯意識の向上による安全・安心な生活環境に対するニーズが高まっている。あなたは、住宅において上記ニーズを満たす侵入者対策のための電気製品の開発責任者に任命された。下記の内容について記述せよ。

(H30 − 1)

(1) 侵入者対策に適用するセンサ等について2つ挙げ、それぞれ特徴及び課題

(2) 製品を開発するうえで業務を進める手順

(3) 開発を進める際に留意すべき事項と対策

○ 近年、健康経営の推進や働き方改革などの必要性が高まっている。あなたは、センサや通信技術を利用して健康をサポートする製品の開発責任者に任命された。下記の内容について記述せよ。 (H29 − 1)

(1) 着手時に調査すべき内容として、IoT（Internet of Things）を用いて健康をサポートする製品の具体例を1つ挙げよ。また、製品に用いられているセンサ、通信方式についてそれぞれ述べよ。

(2) 業務を進める手順

(3) 業務を進める際に留意すべき事項と対策

○ 大型船舶に設置する電気機器の新規プロジェクトにおいて、あなたがその責任者となった。このような状況において、下記の内容について記述せよ。 (H28 − 1)

(1) 着手時に調査すべき内容

　　(2) 業務を進める手順

　　(3) 業務を進める際に留意すべき事項と対策

○　電気機器に超電導技術を導入して機器の高性能化を検討する業務の担当者として、あなたが取り組むことになった。業務を進めるに当たって、下記の内容について記述せよ。　　　　　　　　　　　　　　(H26-2)

　　(1) 超電導の特徴を念頭に、事前に調査・検討すべき項目

　　(2) 超電導技術導入にかかわる部分を中心に、設計手順の概略

　　(3) 超電導技術を導入した場合に留意すべき事項

○　ハイブリッド自動車及び電気自動車の普及に向けて、地政学的リスクのあるレアメタルの使用を抑えた電動機の開発責任者に任命された。下記の内容について記述せよ。　　　　　　　　　　　　　　　　　（練習）

　　(1) 着手時に調査すべき内容を複数挙げ、その内容について説明せよ。

　　(2) 業務を進める手順について、留意すべき点、工夫を要する点を含めて述べよ。

　　(3) 業務を効率的・効果的に進めるために関係者との調整方策について述べよ。

○　我が国の高齢化率は2036年には33.3%にまで達すると予想されており、そういった高齢者が使用する電気機器においても、安全かつ快適に利用できるユニバーサルデザイン化が求められている。このような状況において、下記の内容について記述せよ。　　　　　　　　　　　　　（練習）

　　(1) あなたの専門とする電気機器を示し、開発のために調査、検討すべき事項とその内容について説明せよ。

　　(2) 業務を進める手順について、留意すべき点、工夫を要する点を含めて述べよ。

　　(3) 業務を効率的・効果的に進めるために関係者との調整方策について述べよ。

○　家電機器などの各種電気製品において、当該電気製品より火災が発生することは様々な問題を引き起こす。あなたが電気製品の開発責任者として業務を進めるに当たり、これらの電気製品からの火災発生リスクに関して、下記の内容について記述せよ。　　　　　　　　　　　　　　（練習）

(1) 調査、検討すべき事項とその内容について説明せよ。

(2) 業務を進める手順について、留意すべき点、工夫を要する点を含めて述べよ。

(3) 業務を効率的・効果的に進めるために関係者との調整方策について述べよ。

　開発のきっかけは、社会状況の変化や新技術の開発などですが、それを生かせるかどうかは技術者の創造力に大きく依存しています。過去に出題された問題を見ても、そういった傾向が大きく現れています。そのような問題に関しては、これまでの経験を生かした仮定・条件設定や他の分野での結果からの効果推定が大きな効果をもたらすことが多くあります。そういった点で、リスクも含めて、創造力を生かした解答の作成が望まれます。

(2) 設計業務

○　データセンターを新規に設置するプロジェクトの責任者にあなたが任命された。省力化及び二酸化炭素の排出量削減のために、次世代パワー半導体を用いることになった。このような状況において、下記の内容について記述せよ。　　　　　　　　　　　　　　　　　　　　　(R1－1)

(1) 次世代パワー半導体について簡潔に述べた後に、調査、検討すべき事項とその内容について説明せよ。

(2) 業務を進める手順について、留意すべき点、工夫を要する点を含めて述べよ。

(3) 業務を効率的、効果的に進めるための関係者との調整方策について述べよ。

○　ハイブリッド自動車及び電気自動車の設計プロジェクトに車載蓄電池システムの責任者として参画することになった。車載蓄電池システムを設計するに当たり、下記の内容について記述せよ。　　　　　　　　(R1－2)

(1) 各種蓄電池の現状や開発状況を踏まえ、調査、検討すべき事項とその内容について説明せよ。

(2) 業務を進める手順について、留意すべき点、工夫を要する点を含めて

述べよ。

(3) 業務を効率的・効果的に進めるために関係者との調整方策について述べよ。

○　オフィスビルが建設されることになり、あなたがその照明設計の責任者になった。下記の問いに答えよ。　　　　　　　　　　　　（H30－2）

(1) 単にLED光源を使い必要照度を満たすだけの照明ではなく、さらに省エネルギーである照明空間を作るための手法を2つ挙げ、説明せよ。

(2) オフィス照明の設計手順の概略を説明せよ。

(3) 留意すべき事項について述べよ。

○　防災拠点としての機能を持たせることを計画の柱の1つとする、都市再開発プロジェクトにエネルギー担当責任者として参画することになった。各種ライフラインの効率的、有機的運用を考慮して、再開発地域に再生エネルギー導入を進めるに当たり、再開発規模を想定し、以下の内容について記述せよ。　　　　　　　　　　　　　　　　　　（H27－1）

(1) 着手時に調査すべき内容

(2) 業務を進める手順

(3) 業務を進める際に留意すべき事項

○　昨今、我が国で実績のある電力、鉄道、水道などのインフラストラクチャーを海外に展開するケースが増えている。その展開において、あなたが電気機器やパワーエレクトロニクス機器などの電気分野の責任者となった。このような状況において、下記の内容について記述せよ。（H26－1）

(1) 着手時に調査すべき内容

(2) 業務を進める手順

(3) 業務を進める際に留意すべき事項

○　省エネや機能向上などのシステム改良のため、新たに開発した電気応用の装置や設備などを現行システムの一部に適用する際に、全体システムとして機能することはもちろんのこと、現行システムを稼働させながらあるいは短期間で新システムに移行しなければならない場合がある。あなたがこのようなプロジェクトの責任者として業務を行うことを想定し、以下の内容について記述せよ。　　　　　　　　　　　　　　　　　（H25－1）

(1) 想定するシステム改良の目的と内容

(2) 新システム移行に際して考慮すべきリスク

(3) 業務を進める手順

○　千軒規模の新興住宅群において、電気自動車などの利用や自然エネルギーの活用により、低炭素型の地域社会を構築するプロジェクトの計画策定に関わることとなった。このような街づくりの責任者として業務を進めるに当たり、電気応用分野の視点から以下の問いに答えよ。（H25 − 2）

(1) 着手時に調査すべき内容を、箇条書きで示せ。

(2) 業務を進める手順を記述せよ。

(3) 業務を進める上での留意点を、箇条書きで列挙せよ。

○　ZEB（Zero Energy Building）が建設されることになり、あなたがそこに導入される設備の性能向上のための改良プロジェクトの責任者に任命された。このような状況において、下記の内容について記述せよ。（練習）

(1) あなたの専門とする設備を示し、改良のために調査、検討すべき事項とその内容について説明せよ。

(2) 業務を進める手順について、留意すべき点、工夫を要する点を含めて述べよ。

(3) 業務を効率的、効果的に進めるための関係者との調整方策について述べよ。

○　公共施設を防災拠点化するためにリニューアルするプロジェクトが計画され、災害時にも安定的に電源を供給できるよう電源設備を更新する責任者にあなたが任命された。このような状況において、下記の内容について記述せよ。　　　　　　　　　　　　　　　　　　　　　　　　　　（練習）

(1) 発電設備を更新するために調査、検討すべき事項とその内容について説明せよ。

(2) 業務を進める手順について、留意すべき点、工夫を要する点を含めて述べよ。

(3) 業務を効率的、効果的に進めるための関係者との調整方策について述べよ。

○　近年、公共の場や家庭内などで使用されるロボットについても実用化が

進んでおり、人間と共存するロボットが現実のものとなっている。このようなロボットを設計するに当たり、下記の内容について記述せよ。**(練習)**

(1) 設計着手時に調査、検討すべき事項とその内容について説明せよ。

(2) 業務を進める手順について、留意すべき点、工夫を要する点を含めて述べよ。

(3) 業務を効率的・効果的に進めるための留意点について述べよ。

　設計においては、専門知識だけではなく、多岐にわたる隣接した技術知識が求められます。また、過去の同様のプロジェクト等の結果を反映しながら設計を進めていくことも重要となります。それに加えて、設計に参加するメンバーの専門性や経験を生かして、チームとしての結果を出していく仕組みの構築や、関係者へのコミュニケーション能力の発揮も求められます。そういった点を認識しながら解答を考えていく必要があります。

(3) 対策業務

○　EV（電気自動車）及びPHV（プラグインハイブリッド自動車）の自動車エレクトロニクス開発におけるEMC（電磁両立性）プロジェクトにおいて、あなたがその責任者となった。このような状況において、下記の内容について記述せよ。　　　　　　　　　　　　　　　　(H29-2)

(1) 着手時に調査すべき内容

(2) 業務を進める手順

(3) 業務を進める際に留意すべき事項と対策

○　あなたは既存のオフィスビルの照明を省エネルギー化するプロジェクトの責任者に任命された。下記の内容について記述せよ。　　(H28-2)

(1) 蛍光灯とLEDと有機ELについて、オフィスビルにおける光源としてのそれぞれの特徴

(2) 業務を進める手順

(3) 業務を進めるに当たって留意すべき事項

○　自然災害に対するBCP（事業継続性）強化の一環として、雷サージ防護を重要視することになった。その展開において、あなたが建物内電気・電

子設備の雷サージ防護設計の責任者となった。このような状況において、下記の内容について記述せよ。 (H27－2)

(1) 着手時に調査・検討すべき項目を述べよ。

(2) 雷電磁パルスのエネルギーを合理的、経済的に低減でき、対策効果が期待できると考えられる技術的提案（施策）を述べよ。

(3) (2) の業務を実際に進める際に留意すべき事柄を述べよ。

　業務においては、さまざまな障害や不具合に対する対応力が求められる場合があります。それを十分に発揮するためには、基礎知識の充実と、発現している事象に対する検証能力や考察力が求められます。そういった能力は、主に経験値によるものですので、こういった対策業務に関する問題が出題されたら、経験力の有無で選択するかどうかを決定する必要があります。

3. 電子応用

　電子応用で出題されている問題は、開発業務、設計業務、対策業務に大別されます。なお、解答する答案用紙枚数は2枚（1,200字以内）です。

（1）開発業務

○　市場のRFID（Radio Frequency IDentification）システムを調査したところ、RFIDリーダーの読み取り距離と消費電力の項目で求められる性能を満足できるものがないことが分かった。そこで、あなたがこれらの性能を満足するRFIDシステムの開発に電子応用技術者として参画するに当たり、下記の内容について記述せよ。　　　　　　　　　　　　（R1－1）

　　(1) RFIDリーダーの読み取り距離と消費電力の項目で求められる性能を満足するRFIDシステムの開発に必要な調査、検討すべき事項とその内容について説明せよ。

　　(2) (1)の業務を進める手順について、留意すべき点、工夫を要する点を含めて述べよ。

　　(3) 業務を効率的、効果的に進めるための関係者との調整方策について述べよ。

○　電波を利用した無線通信機器を電磁的環境の中で捉えると、他の電子機器との間で相互に動作上の問題を生じさせる可能性がある。このような電磁両立性の課題を緩和する技術の1つとして、可視光通信（Visible Light Communication：VLC）がある。あなたが電子応用技術者として、VLCの採用の可否を検討しながら開発業務を進めるに当たり、下記の内容について記述せよ。　　　　　　　　　　　　　　　　　　　（R1－2）

　　(1) VLCが有効と考えうる具体的なシステムを1つ想定し、電波並びに可視光の利用について調査・比較検討すべき事項とその内容について説明

せよ。

(2) (1) のシステムの開発業務を進める手順について、留意すべき点、工夫を要する点を含めて述べよ。

(3) 業務を効率的、効果的に進めるための関係者との調整方策について述べよ。

○　無線機器の開発に電子回路設計者として参画することになった。無線周波数の信号を増幅するために、市場の電力増幅器の特性を調査したところ、電力効率、線形性の項目で求められる特性を満足できるものがないことが分かった。そこで、トランジスタを用いた電力増幅回路を設計して、高効率な低歪電力増幅器を自社で開発することが必要となった。　(H30－1)

(1) あなたが開発したい商品の目的と、必要となる電力増幅回路の仕様を説明せよ。

(2) (1) で挙げた仕様に対して、問題解決のための具体的な技術的提案を3つ述べよ。

(3) (2) の業務を進める際に留意すべき事項について述べよ。

○　交通の管制・運行指令システムや、物流ロボットの遠隔監視・操作システムなど、必ずしも視認できない複数の物体を円滑に移動させるための支援システムは、物体の位置や状態に関する情報の取得・伝送と、音声通信、指示・制御データの伝送といった役割をもつ機器らから成っている。これらの電子機器を開発するに当たり、電子応用の技術者として下記の内容について記述せよ。　(H30－2)

(1) 具体的な移動物体とその支援システムや機器を1つ想定し、それに求められる特性を3つ挙げよ。

(2) 安全第一で余裕をもった開発スケジュールと資金が用意されているとき、(1) で述べたシステムや機器の全体の信号処理について、アナログの部分とディジタルの部分とに切り分けよ。アナログ信号処理の回路やディジタル信号処理回路、並びにアナログ・ディジタル間の信号変換回路が混在する構成として、最も良いと考えるものを示し、合理的に説明せよ。

(3) (2) の設計に対し、留意すべき事項を論述せよ。

○ 無線機器の開発に電子回路設計者として参画することになった。無線周波数の受信信号を増幅するために、トランジスタを用いた低雑音増幅回路を設計して高性能な低雑音増幅器を実現したい。そこで、市場の低雑音増幅器の特性を調査したところ、電源電圧、雑音指数、電力利得、消費電力、線形性、安定性の6つの項目で求められる特性を全て満足できるものがないことが分かった。そのため、自社開発をすることが必要となった。

(H29－2)

(1) あなたが開発したい商品の目的と、必要となる低雑音増幅回路の仕様を説明せよ。

(2) (1)で挙げた仕様に対して上述の6つの特性項目で特に重要と考えられるものを3つ、理由とともに述べよ。所望の値を満足しないことが開発に重大な影響を与えると考えられるものから順に挙げること。

(3) (2)で挙げた3つの項目が満足できたとして、残り3つの項目のそれぞれについて、問題解決のための具体的な技術的提案を述べよ。

(4) (3)で挙げた技術的提案に潜むリスクについて論述せよ。

○ 通信機能を持ち、電気やガス、水道の使用量を遠隔で一定時間ごとに計測できるスマートメーターの普及が進んでいる。このようなスマートメーターの普及を促進するため、あなたがスマートメーター用通信システムを開発する担当責任者として業務を進めるに当たり、下記の内容について記述せよ。

(H28－2)

(1) スマートメーターの通信機能に要求される事項や特徴を踏まえて開発する上で調査・検討すべき項目を3つ挙げ、それぞれを技術的背景とともに述べよ。

(2) (1)で挙げた検討項目の中で、最も重要と考えられる課題を1つ挙げ、具体的に進める技術的提案を述べよ。

(3) (2)の業務を実際に進める際に留意すべき事項を述べよ。

○ 無線端末の開発に電子回路設計者として参画することになった。無線周波数の信号を増幅するために、トランジスタを用いた電力増幅回路を設計して高性能な電力増幅器を実現したい。そこで、市場の電力増幅器の特性を調査したところ、電源電圧、電力効率、電力利得、出力電力、線形性、

安定性の6つの項目で求められる特性を全て満足できるものがないことが分かった。そのため、自社開発をすることが必要となった。（H27－1）

(1) あなたが開発したい商品の目的と、必要となる電力増幅回路の仕様を説明せよ。

(2) さらに（1）で挙げた仕様に対して上述の6つの特性項目で特に重要と考えられるものを3つ、理由とともに述べよ。所望の値を満足しないことが開発に重大な影響を与えると考えられるものから順に挙げること。

(3) （2）で挙げた3つの項目が満足できたとして、残り3つの項目のそれぞれについて、問題解決のための具体的な技術的提案を述べよ。

(4) （3）で挙げた技術的提案に潜むリスクについて論述せよ。

○　人間の介在なしにネットワークにつながれた機器同士が通信するM2M（Machine to Machine）には、多数の端末側とデータを集約するセンタ側が通信事業者の提供するネットワークを経由して通信する。あなたが、このようなM2Mを実現するために、端末側の電子回路の開発に電子応用技術者として参画するにあたり、下記の内容について記述せよ。　（練習）

(1) M2M向けの通信用電子回路の開発に必要な調査、検討すべき事項とその内容について説明せよ。

(2) （1）の業務を進める手順について、留意すべき点、工夫を要する点を含めて述べよ。

(3) 業務を効率的、効果的に進めるための関係者との調整方策について述べよ。

○　患者の体内に埋め込んで状態を監視するMEMS（Micro Electro Mechanical Systems）の開発に電子応用技術者として参画するにあたり、下記の内容について記述せよ。　（練習）

(1) 性能を満足するMEMSの開発に必要な調査、検討すべき事項とその内容について説明せよ。

(2) （1）の業務を進める手順について、留意すべき点、工夫を要する点を含めて述べよ。

(3) 業務を効率的、効果的に進めるための関係者との調整方策について述べよ。

　電子応用では、電子回路やシステムの開発に関する問題が多く出題されているのが特徴となっています。実際の業務として開発を行っている人が多いのがその理由でしょうが、問題で取り上げられている事項によっては、ポイントがつかめない受験者もいると思いますので、自分の経験だけにとらわれず、自分が経験していない項目のポイントを同僚等からヒアリングしておくことも重要です。

(2) 設計業務

○　従来アナログ信号処理により実現されていた機器のディジタル信号処理化が進んでいる。ディジタル信号処理化には様々な利点があるものの、処理内容などを十分に考慮しないと十分な特性が得られない可能性がある。今回、いままでアナログで信号処理していた部分を、新たにディジタル信号処理化することとなり業務の担当責任者として、参画することとなった。具体例を想定した上で、下記の内容について記述せよ。　　　（H28−1）

(1) あなたが想定した具体例とディジタル信号処理化する理由

(2) 事前に調査すべき内容

(3) (2) を踏まえて業務を進める手順

(4) 業務を進める際に留意すべき事項

○　信号処理用のフィルタを実装するグループに責任者として参画することとなった。具体的な信号処理を想定した上で、下記の内容について記述せよ。　　　（H26−1）

(1) あなたが想定した信号処理の内容

(2) 事前に調査すべき内容

(3) (2) を踏まえて業務を進める手順

(4) 業務を進める際に留意すべき事項

○　携帯型の生体信号簡易計測商品の開発に電子回路設計者として参画することになった。生体信号である物理量のセンシングのために、演算増幅器（オペアンプ）を用いた増幅回路を設計してアナログ・ディジタル変換回路に入力するシステムを設計したい。そこで、市場の演算増幅器の特性を調査したところ、電源電圧、消費電力、雑音特性、直流差動電圧利得、位

相余裕の5つの項目で求められる特性を全て満足できるものがないことが分かった。 (H26－2)

(1) あなたが開発したい商品の目的と、それで計測対象となる生体信号、並びに必要となる増幅回路の仕様を説明せよ。さらに、上述の5つの特性項目で特に重要と考えられるものを3つ、理由とともに述べよ。所望の値を満足しないことが計測結果に重大な影響を与えると考えられるものから順に挙げること。

(2) (1)で挙げなかった2つの項目のそれぞれについて、問題解決のための具体的な技術的提案を述べよ。

(3) (2)の業務を実際に進める際に留意すべき事項を述べよ。

○ 携帯機器で高速の通信をするために、新たな通信規格が検討されたとする。この規格に対応して送受信回路の設計をするとき、複数の要素回路ブロックに分割しながらそれらの目標性能を決め、各要素回路ブロックをトランジスタ等の電子素子で実現していくことになる。設計責任者として業務を進める場合、以下の内容について記述せよ。 (H25－1)

(1) 事前に調査する必要がある項目

(2) 設計工程

(3) 必要な要素回路ブロックと、それらの中で注力すべき要素回路ブロックの選定方法

(4) 設計を進める上での留意事項

○ 電子機器の小型化に伴い、高発熱の素子の温度制御が重要となっている。電子機器の安定動作のため温度制御をする必要がある。設計責任者として、このような電子機器の設計業務を進めるために、以下の内容について記述せよ。 (H25－2)

(1) 事前に調査すべきこと

(2) 設計のフロー

(3) 設計を進める上での留意事項

○ 橋梁などの屋外の自然環境にさらされているインフラの老朽化や不具合を検知するために、振動等を計測する小型のセンサを使った監視システムを開発することになり、あなたがこの計測監視システムの設計に電子応用

技術者として参画するにあたり、下記の内容について記述せよ。（練習）

(1) 過酷な自然環境への対候性を持ったセンサ回路を設計するために必要な調査、検討すべき事項とその内容について説明せよ。

(2) (1) の業務を進める手順について、留意すべき点、工夫を要する点を含めて述べよ。

(3) 業務を効率的、効果的に進めるための関係者との調整方策について述べよ。

○　IoT（Internet of Things）システムを構築するために、センサ側の電源としてエネルギーハーベスティング技術を用いることになった。あなたがこのIoTシステムの設計に電子応用技術者として参画するにあたり、下記の内容について記述せよ。　　　　　　　　　　　　　　　　　　　（練習）

(1) エネルギーハーベスティング技術を採用するために必要な調査、検討すべき事項とその内容について説明せよ。

(2) (1) の業務を進める手順について、留意すべき点、工夫を要する点を含めて述べよ。

(3) 業務を効率的、効果的に進めるための関係者との調整方策について述べよ。

　応用能力問題が出題された当初は、設計業務に関する問題が多く出題されていましたが、その後は、開発業務に関する問題が出題されるようになってきています。最近では、設計業務の出題はなくなっていますが、今後も出題されないとは限りませんので、多少は設計業務に関する出題傾向を研究しておく必要があると考えます。

(3) 対策業務

○　電子システムの開発段階において、不要な電圧・電流の変化が信号に重畳して、十分な機能が得られないことが分かった。この問題を解決するため、業務の担当責任者としてあなたがこの問題に取り組むこととなった。このような状況において、以下の問いに答えよ。　　　　　　　　（H29－1）

(1) 具体的な業務を想定し、問題の原因を明らかにするために調査・検討

すべき項目を3点述べよ。

(2) (1)で挙げた項目のそれぞれについて、原因となっているか否かを見極めるための方法と判断基準を述べよ。さらに、それら3つの見極め方法の実施順序として最も適切と考える順序を、理由とともに示せ。

(3) (2)で述べた順序のうち3番目の原因であることが分かった場合、どのように業務を進めるべきか、具体的な対策技術を挙げ、留意点も示せ。

○ 演算増幅器を用いて反転増幅回路を実現した。実現した回路の周波数特性を測定したところ、入力する交流電圧値により増幅できる上限周波数が異なり、必要な仕様を満足することができなかった。そして、この問題を解決するため、業務責任者としてあなたがこの問題に取り組むこととなった。このような状況において、以下の問いに答えよ。　　　　(H27-2)

(1) 問題解決のため調査・検討すべき項目を3点述べよ。

(2) (1)で挙げた項目から問題解決のために最も効果が期待できると考えられる要因を1点挙げてその理由を説明し、具体的に進める技術的提案を述べよ。

(3) (2)の業務を実際に進める際に留意すべき事項を述べよ。

○ 自動車の自動運転やつながる車を実現するために用いられる車載用電子回路が設計されたが、外部からの熱により必要な仕様を満足することができなかった。そして、この問題を解決するため、業務責任者としてあなたがこの問題に取り組むこととなった。このような状況において、以下の問いに答えよ。　　　　(練習)

(1) 問題解決のために必要な調査、検討すべき事項とその内容について説明せよ。

(2) (1)の業務を進める手順について、留意すべき点、工夫を要する点を含めて述べよ。

(3) 業務を効率的、効果的に進めるための関係者との調整方策について述べよ。

○ EV（電気自動車）及びPHV（プラグインハイブリッド自動車）の自動車エレクトロニクス開発においてEMC（電磁両立性）対策の責任者となった。このような状況において、以下の問いに答えよ。　　　　(練習)

(1) 問題解決のために必要な調査、検討すべき事項とその内容について説明せよ。

(2) (1)の業務を進める手順について、留意すべき点、工夫を要する点を含めて述べよ。

(3) 業務を効率的、効果的に進めるための関係者との調整方策について述べよ。

　対策業務に関する出題はこれまで少ないのですが、実務では多く経験している業務内容であると考えます。ただし、出題する側が問題を作りにくいということもあり、出題数が限られていると想像しています。本来であれば、技術者の能力を図るのに、対策業務に対して説明してもらう方法は有効ですので、今後出題の可能性はあると思います。過去に出題された問題の内容を理解するため、一度は解答を書いてみるとよいでしょう。

4. 情 報 通 信

　情報通信で出題されている問題は、設計・構築業務、企画・開発業務、導入業務、更新業務に大別されます。なお、解答する答案用紙枚数は2枚（1,200字以内）です。

（1）設計・構築業務

○　近年、次世代の情報通信ネットワークを用いた新たなユースケースの1つとして、無人航空機（ドローン）の目視外飛行（補助者の配置なし）が注目されている。ドローンとドローンの飛行を制御する管理センターが通信事業者の提供するネットワークを経由して通信するシステムが想定され、物流や社会インフラ管理、災害対策などでの活用が期待されている。このようなドローンの目視外飛行を安心・安全に実現するための情報通信システムについて、あなたはプロジェクト担当責任者として技術検討を進めている。このプロジェクトを進めるに当たり、以下の問いに答えよ。

（H30−2）

（1）ドローン技術の特質を捉え、上記の情報通信システムを実現する上で調査・検討すべき項目を複数挙げ、それぞれを説明せよ。

（2）上記の情報通信システムを構築する業務を進める手順について述べよ。

（3）業務を進めるに当たって、ドローンを使用する情報通信システムに関して留意すべき事項について述べよ。

○　2020年に東京で開催されるオリンピックやパラリンピックにおいては、日本国内及び諸外国からの多くの観客や選手、役員が競技場周辺を往来する。特に人が集中する競技場及びその周辺においては、通信トラフィック密度が一段と大きくなる。そこで、システム構築責任者としてあなたが、競技場及びその周辺で人々が利用する様々なアプリケーションを提供する

情報通信システムを構築するに当たり、以下の問いに文章で答えよ。

(H29－1)

(1) 上記の情報通信システムに対する主な要求条件を4つ挙げよ。

(2) 2020年の段階で実現可能な技術の利用を前提に、(1) で挙げた要求条件を満足するシステムの構成を考案し、その概要を述べよ。

(3) (2) で考案したシステムを実際に構築する業務において、その業務を進める手順を箇条書きにせよ。さらに、技術的な観点から、システム構築における留意点を3つ記述せよ。

○　就業する時間、場所、雇用の形態などにとらわれない働き方を認めた上で、個人がより成果を上げやすく働き甲斐につながる仕組みの1つとして、BYOD（Bring your own device）が注目されている。BYODとは、個人が所有している、あるいは自ら選んだコンピューティングデバイスや通信デバイスを使って、業務の生産性とモバイル性の向上を実現させることである。BYOD開発プロジェクトにおいて、情報通信ネットワークのシステム設計者の立場から参画することになった。業務内容を計画するに当たり、以下の問いに答えよ。　　　　　　　　　　　　　　　　(H25－1)

(1) 想定する開発プロジェクトの全体概要を簡潔に述べ、自らが担当する主要設計項目を具体的に3つ以上列挙せよ。

(2) 自らの業務を進める手順を述べよ。

(3) システム設計者が考慮すべき事項を5つ挙げよ。

(4) (3) で挙げた事項のうち1つ、あるいはいくつかを実現する仕組みについて述べよ。

○　橋梁などの屋外の自然環境にさらされているインフラの老朽化や不具合を検知するために、IoT技術を使った監視システムを構築することになり、あなたがこの計測監視システムの設計に情報通信技術者として参画するにあたり、下記の内容について記述せよ。　　　　　　　　　　　　(練習)

(1) 大規模な施設に分散配置されたセンサからの情報を集約するシステムを構築するために必要な調査、検討すべき事項とその内容について説明せよ。

(2) 業務を進める手順について、留意すべき点、工夫を要する点を含めて

述べよ。

(3) 業務を効率的、効果的に進めるための関係者との調整方策について述べよ。

○ 特定地域におけるエネルギーの地産地消を実現して、ゼロエネルギー地域を構築するプロジェクトが進められている。あなたは、地域におけるエネルギーの需要量と供給量のバランスをとるために、通信網を通して、エネルギー調整を行う情報流通のプロジェクト担当責任者として技術検討している。このプロジェクトを進めるに当たり、下記の内容について記述せよ。　　　　　　　　　　　　　　　　　　　　　　　　　（練習）

(1) 調査、検討すべき事項とその内容について説明せよ。

(2) 業務を進める手順について、留意すべき点、工夫を要する点を含めて述べよ。

(3) 業務を効率的、効果的に進めるための関係者との調整方策について述べよ。

設計・構築業務では、新たな技術や社会的なトピックをテーマに、それに対応するシステムを構築することを想定した問題がこれまで出題されています。そういった背景から、最近の情報通信の動向や社会的トピックスを見直し、これからの情報通信に何が求められるかを事前に考えておく必要があります。

(2) 企画・開発業務

○ 自宅で自由に好きな映画を楽しめることで、VOD（Video on Demand）が普及してきている。あなたは、通信事業者網あるいはCATV網を通して、映画をVODサービスとして新たに提供するプロジェクト担当責任者として技術検討している。配信方法、視聴条件、視聴方法などを整理して、サービスの実現を業務として進めていく予定である。このプロジェクトを進めるに当たり、下記の内容について記述せよ。　　　　　　　　　（R1－1）

(1) 調査、検討すべき事項とその内容について説明せよ。

(2) 業務を進める手順について、留意すべき点、工夫を要する点を含めて述べよ。

　　(3) 業務を効率的、効果的に進めるための関係者との調整方策について述べよ。

○　近年、次世代の情報通信ネットワークを用いた新たなユースケースの実現が注目されている。その1つとして、工事現場から数10 km以上離れた地点から、オペレータがブルドーザ等の重機をリアルタイムで遠隔操作する土木工事アプリケーションがある。あなたは、そのアプリケーションを実現するプロジェクト担当責任者として技術検討を進めている。このプロジェクトを進めるに当たり、下記の内容について記述せよ。（H29−2）

　　(1) 上記プロジェクトのフィージビリティスタディを進める際の手順について説明せよ。

　　(2) 上記の遠隔土木工事アプリケーションを実現する際に必要な、情報通信の観点からのシステム要件を4点挙げ、その内容を説明せよ。

　　(3) (2)で挙げたシステム要件のうちの1つを取り上げ、その要件を満足する情報通信インフラにおける技術手段について説明せよ。さらにその技術手段を実施する際に留意すべき事項を述べよ。

○　人間の介在なしにネットワークにつながれた機器同士が通信するM2M（Machine to Machine）には、多数の端末側とデータを集約するセンタ側が通信事業者の提供するネットワーク（通信インフラ）を経由して通信するユースケースが想定されている。このようなM2Mのユースケースを実現するため、あなたがネットワークの新しいサービスメニューを企画し、そのサービスを普及させるためのM2M向けの通信インフラ構築を検討する担当責任者として業務を進めるに当たり、下記の内容について記述せよ。

（H27−2）

　　(1) M2M向けの通信インフラを構築する上で調査・検討すべき項目を複数挙げ、それぞれを技術的背景とともに、情報通信の観点から述べよ。

　　(2) 業務を様々な観点で最も効果的に進める手順について技術的提案を述べよ。

　　(3) 業務を進める際に、M2M向けの通信インフラに関して留意すべき事項について述べよ。

○　新たに、O2O（Online to Offline）サービスを提供するプロジェクトに

情報通信ネットワークの担当責任者として参画することになった。業務を進めるに当たり、以下の問いに答えよ。 (H26－2)

(1) 想定する開発プロジェクトの全体概要を簡潔に述べ、自らが担当するシステムの主要な構成要素を具体的に3つ以上列挙せよ。

(2) システム設計者が考慮すべき要件を3つ挙げよ。

(3) (2)で挙げた要件のうち1つ、あるいはいくつかを実現する仕組みについて述べよ。

○ 女性活躍社会の実現および働き方改革を推進するために、全社的にテレワークを導入することになった。自宅またはサテライトオフィスで自由に勤務ができるようなシステムを提供するプロジェクト担当責任者として技術検討している。このプロジェクトを進めるに当たり、下記の内容について記述せよ。 (練習)

(1) 調査、検討すべき事項とその内容について説明せよ。

(2) 業務を進める手順について、留意すべき点、工夫を要する点を含めて述べよ。

(3) 業務を効率的、効果的に進めるための関係者との調整方策について述べよ。

○ 完全自動運転であるレベル5を実現するために、情報通信技術面で提供すべきサービスを企画するプロジェクト担当責任者として技術検討している。このプロジェクトを進めるに当たり、下記の内容について記述せよ。 (練習)

(1) 調査、検討すべき事項とその内容について説明せよ。

(2) 業務を進める手順について、留意すべき点、工夫を要する点を含めて述べよ。

(3) 業務を効率的、効果的に進めるための関係者との調整方策について述べよ。

企画・開発業務では、最近新たに導入されつつあるサービスをテーマに挙げて、その応用編として、新たな企画を提案していくような問題となっています。言い換えると、事例研究問題のような意図が感じられます。そのため、最近話

題となっている事項を事例に研究しておくと、そこで調査・検討すべき内容の事前把握ができます。ただし、実際の事例の結果に限定してしまうと、応用能力の面で十分な評価が得られませんので、自分なりの一工夫が必要となります。

(3) 導入業務

○　位置情報は、現代社会の様々なアプリケーションに欠かせないものとなっている。ある駅地下街における携帯電話で利用可能なナビゲーションサービス導入の担当責任者として業務を進めるに当たり、下記の内容について記述せよ。　　　　　　　　　　　　　　　　　　　　（H28－1）

(1) 上記ナビゲーションサービスに要求される項目を4つ以上述べよ。

(2) (1) で挙げた要求を満足するナビゲーションサービスを実現するための情報通信分野での技術的提案を述べよ。

(3) (2) で挙げた技術を用いて業務を進める際に留意すべき事項を述べよ。

○　高度道路交通システム（ITS：Intelligent Transportation System）とは、人と道路と自動車の間で情報の受発信を行い、道路交通が抱える様々な課題を解決するためのシステムである。都市におけるITS導入の担当責任者として業務を進めるに当たり、下記の内容について記述せよ。（H27－1）

(1) 道路交通が抱える諸課題を3点以上述べよ。

(2) (1) で挙げた項目の中で、あなたが最も重要と考える課題を1点挙げ、その理由とその課題を解決するための情報通信分野での技術的提案を述べよ。

(3) (2) の業務を進める際に留意すべき事項を述べよ。

○　近年、無線LANの普及は目覚ましく、プライベート空間だけでなく、公共空間にも多数の無線LANのアクセスポイントが設置されている。あなたが、ある企業の無線LAN導入の担当者として新たに無線LANのアクセスポイントを設置する業務を進めるに当たり、以下の問いに答えよ。　　　　　　　　　　　　　　　　　　　　　　　　　　　（H26－1）

(1) 設置するに当たり事前に検討すべき事項について述べよ。

(2) 設置する際の手順について述べよ。

(3) 運用を開始した後に生じる可能性がある問題を取り上げ、原因とその

対策を述べよ。

○　最近では高齢化率が高くなっており、一人暮らしの高齢者が増加してきている。そういった高齢者は健康面での不安も多く持っており、認知症の人も少なくない。そのため、高齢者の見守りサービスを導入することになった。担当責任者として業務を進めるに当たり、下記の内容について記述せよ。　　　　　　　　　　　　　　　　　　　　（練習）

(1) 調査、検討すべき事項とその内容について説明せよ。

(2) 業務を進める手順について、留意すべき点、工夫を要する点を含めて述べよ。

(3) 業務を効率的、効果的に進めるための関係者との調整方策について述べよ。

○　某自治体において医療情報の一元化を図り、効率的かつ効果的な医療サービスを実現するために、医療情報システムを導入することになり、医療情報システムを導入するプロジェクト担当責任者として技術検討している。このプロジェクトを進めるに当たり、下記の内容について記述せよ。　　　　　　　　　　　　　　　　　　　　　　　　　　　　（練習）

(1) 調査、検討すべき事項とその内容について説明せよ。

(2) 業務を進める手順について、留意すべき点、工夫を要する点を含めて述べよ。

(3) 業務を効率的、効果的に進めるための関係者との調整方策について述べよ。

導入業務は、最近導入が進んでいる事例をテーマに、今後導入する場合にはさらにどういった検討が必要かを示させる問題になっています。ですから、現時点での事例をなぞるだけでは解答に奥行きが出せませんので、一工夫が必要です。それが何かをよく考えて書き出さないと、代わり映えのしない解答にとどまってしまい、思ったほどの評価を得られない結果になります。

(4) 更新業務

○　あなたは、不特定多数の人が出入りする、ある商業施設における公衆無

線LANシステムの管理業務担当責任者である。最近、この公衆無線LANの利用者からデータのアップロードに、通常より大幅に時間がかかるとのクレームが頻繁に報告されるようになった。あなたがこの問題に対処するため、必要に応じてシステムを更新する一連の業務を進めるに当たり、下記の内容について記述せよ。　　　　　　　　　　　　　　　　（R1-2）

(1) 想定するすべての要因を明記したうえで、問題の切分けを行うための調査、検討すべき事項とその内容について説明せよ。

(2) 業務を進める手順について、留意すべき点、工夫を要する点を含めて述べよ。

(3) 業務を効率的、効果的に進めるための関係者との調整方策について述べよ。

○　約10年前に大型屋外アミューズメント施設に設置された無線LANシステムの老朽化に伴い、新しい顧客向けサービスを提供可能な無線LANシステムへの更新を計画することになった。あなたがこの無線設備更新の担当責任者として業務を進めるに当たり、下記の内容について記述せよ。

（H30-1）

(1) 計画策定に当たって調査・検討すべき事項

(2) 業務を進める手順

(3) 業務を進めるに当たって留意すべき事項

○　あなたは運用中の情報通信ネットワークシステムの設計・構築の担当者である。担当するシステムに関し、故障によるサービス影響が増加しており、可用性（ここでは故障等の事象が発生してもシステムユーザへのサービス提供を継続する能力とする）の改善要望を受けている。システムの更新を機に可用性の改善を進めるに当たり、以下の問いに答えよ。

（H28-2）

(1) 可用性の改善を進める際に必要な事前調査・検討の手順を示し、そのうち2つについて具体的に説明せよ。

(2) (1)の事前調査・検討で明らかになる可用性に関する主な課題を2つ想定し、それぞれにつき、その課題と、課題を解決するためのシステム要件について述べよ。

(3) 複数ベンダへの提案依頼書（RFP、Request For Proposal）の提示、及び複数ベンダから提出された提案書の内容の審査に関し、留意すべき点を2つ挙げ、具体的に説明せよ。

○　通信ネットワークは、近年の通信トラフィックの急激な伸びや、ニーズの変化に伴う通信形態や通信プロトコルの変化に伴い、従来よりも頻繁な設備増設や設備更改が必要とされている。あなたが、通信ネットワーク設備の担当責任者として業務を進めるに当たり、以下の問いに答えよ。

(H25 - 2)

(1) 設備更改の移行計画を立案するに当たって考慮すべき事項を挙げよ。

(2) 設備更改を進める手順を述べよ。

(3) 設備更改を進める上での留意点を述べよ。

(4) 将来の設備増設や設備更改を容易にするために、ネットワーク設備の設計について、どのような工夫が考えられるか、技術的提案を示せ。

更新業務には、更新をする原因や目的というものが常にあります。それが何かを強く認識して解答を考えないと、的外れな解答になりますので、問題文に示された条件をよく理解してから書き出す必要があります。実際の業務において更新業務は多く経験していると思いますが、自分の経験だけに固執せず、問題文の条件に合わせて解答の構成を考える必要があります。

5.　電 気 設 備

電気設備で出題されている問題は、電源設備、障害対策、配電・監視設備、照明設備、社会・環境に大別されます。なお、解答する答案用紙枚数は2枚（1,200字以内）です。

(1)　電源設備

○　特別高圧受変電設備を有する半導体工場の瞬低及び停電対策を実施することになった。この業務を担当責任者として進めるに当たり、下記の内容について記述せよ。　　　　　　　　　　　　　　　　　　　　　　（R1－1）

(1)　調査、検討すべき事項とその内容について説明せよ。

(2)　業務を進める手順について、留意すべき点、工夫を要する点を含めて述べよ。

(3)　業務を効率的、効果的に進めるための関係者との調整方策について述べよ。

○　高い電気の品質が要求されるビルにおいて、電気設備の技術者として交流無停電電源装置（UPS）を計画するに当たり、以下の問いに答えよ。

（H29－1）

(1)　常時インバータ給電方式の概要と、他の給電方式と比較して常時インバータ給電方式を採用する場合の理由を述べよ。

(2)　計画する時、下記手順について留意すべき事項を述べよ。

1)　負荷の計算とUPSの容量

2)　機器構成と供給信頼性

3)　電源システム（商用・発電機）との協調、UPS負荷との協調

○　ビルの屋上に太陽電池発電設備を導入するプロジェクトに、電気設備の担当者として参画することとなった。導入する発電設備を計画するに当た

り、以下の問いに答えよ。　　　　　　　　　　　　　　　(H26－2)

(1) 計画するに当たって確認すべき項目を3つ示し、そのうち最も重要と考える1つについて、その具体的内容を述べよ。

(2) 太陽電池発電設備を構成する主要機器のうち最も重要と考える機器1つについて、選定又は施工上で考慮すべき内容を述べよ。

(3) 発電設備の設計・業務の手順を説明せよ。

○　大規模災害時の業務の継続や保安を目的として72時間以上の電力供給が可能な非常用発電機を導入するプロジェクトの計画責任者として、以下の内容について記述せよ。　　　　　　　　　　　　　　(練習)

(1) 調査、検討すべき事項とその内容について説明せよ。

(2) 業務を進める手順について、留意すべき点、工夫を要する点を含めて述べよ。

(3) 業務を効率的、効果的に進めるための関係者との調整方策について述べよ。

　電源設備に関する問題は定期的に出題されています。電源設備に関しては、パリ協定を受けて再生可能エネルギーの導入が電気設備分野でも求められるようになってきています。また、情報化の進展により、電源の喪失が大きなビジネス損失につながることから、電源の信頼性も合わせて求められるようになっています。最近では大きな自然災害も多発していますので、自然災害による電力の喪失などの事例を反映した問題が出題される可能性があると考えます。

(2) 障害対策

○　オフィスビル内のBEMS（Building Energy Management System）構成機器への電磁環境対策を計画することになった。この業務を担当責任者として進めるに当たり、下記の内容について記述せよ。なお、BEMS構成機器には、受変電設備、動力設備、照明設備等の設備機器も含むものとする。　　　　　　　　　　　　　　　　　　　　　(R1－2)

(1) 調査、検討すべき事項とその内容について説明せよ。

(2) 業務を進める手順について、留意すべき点、工夫を要する点を含めて

述べよ。

(3) 業務を効率的、効果的に進めるための関係者との調整方策について述べよ。

○　有効に雷の影響から生命への危険及び建物の物的損傷を低減するための雷保護システム（LPS：外部雷保護システムと内部雷保護システム）が設置されている既設建物改修設計において、雷電流に起因した雷電磁インパルス（LEMP）による建物内の電気・電子システムの恒久的故障を防止するための保護（SPM）を電気設備の責任者として設計するに当たり、以下の問いに答えよ。　　　　　　　　　　　　　　　　　　　　　（H30－2）

(1) 建築物内部の雷サージは、建築物への直撃雷又は近傍雷による電気磁気的な結合により発生する。そのうち建築物への直撃雷による結合の概要について述べよ。

(2) SPMの設計項目には、①雷保護ゾーン（LPZ）、②接地と等電位ボンディング、③磁気遮蔽、④配線経路（誘導ループ面積の低減）、⑤サージ防護デバイス（SPD）の設置がある。

　　設計に当たり、既設LPS用の接地極システムと等電位ボンディングを有効利用することを前提とし、設計項目①〜⑤のうちから3つ挙げ、具体的な内容と留意点を述べよ。

○　近年の高度情報化に対応したオフィスビルにおいて、電気設備の技術者として保安用、機能用と雷保護用接地を考慮した統合接地システムを構築する際に検討する項目として、①電気工作物に関する接地工事の種類、②低圧電路の接地方式、③フロア接地線（電位の基準面）、④等電位ボンディング、⑤EMC接地、⑥接地幹線、⑦接地極などがある。

　　これらの検討項目について、以下の問いに答えよ。　　　（H29－2）

(1) あなたが特に検討すべきと考える項目を4つ挙げ、それぞれの概要を述べよ。

(2) (1)で挙げた項目からあなたが最も重要で効果があると考える項目を2つ挙げ、具体的な技術提案と留意点を述べよ。

○　電源設備機器・装置の耐震設計を局部震度法により支持固定方法の決定をするに当たり、下記の項目について記述せよ。　　　　　（H28－1）

(1) 耐震設計の基本的な考え方

(2) 耐震設計の手順

(3) 手順の中から重要と思われる2項目を選び、設計を進める際に留意すべき事項

○　一般のビルを建設するに当たり、建物や人命を雷の被害より保護する建築物等の雷保護システム（外部雷保護システムと内部雷保護システム）と、建物内の電気及び電子システムの雷保護対策（雷サージ低減対策とSPDによる雷過電圧抑制）から構成される総合的な雷保護システムを、電気設備の責任者として設計するに当たり、下記の問いに答えよ。　　（H28－2）

(1) 検討する雷保護システムや雷保護対策のうちから2項目を挙げ、具体的な業務内容を説明せよ。

(2) 各業務を進めるに当たり、留意することを挙げ説明せよ。

○　屋外からの引き込み線を持つ電気設備は雷被害を受けることがあり、これを低減することは重要である。様々な電気設備の雷保護のために、対策技術の採用を具体的に述べよ。　　　　　　　　　　　（H25－1）

障害対策に関する問題は、最近では電気設備の主流となっています。実際の業務においても対策の策定を経験している受験者は多いと思いますが、障害にも多くの種類がありますので、それらすべてを経験している受験者はいないと思います。しかし、技術者としては、どういった障害に対しても対応できるような実力を持つ必要がありますので、実務能力の研鑽の一環として、この項目を勉強しておく価値はあると考えます。

(3) 配電・監視設備

○　医療機関などが入り高い電気の品質が要求されるビルにおいて、電気設備の技術者として低圧幹線設備を設計するに当たり、下記の内容について記述せよ。　　　　　　　　　　　　　　　　　　　　　　（H27－1）

(1) 設計着手時に検討する項目とその概要

(2) 業務を進める手順

(3) (1) の中から2項目を選び、具体的な内容及び業務を進める際に留意

すべき事項を述べよ。

○　自然災害に対するBCP（事業継続性）強化の一環として、雷サージ防護
を重要視することになった。その展開において、あなたが建物内配電設備
の雷サージ防護設計の責任者となった。このような状況において、下記の
内容について記述せよ。　　　　　　　　　　　　　　　　　　（練習）

(1) 調査、検討すべき事項とその内容について説明せよ。

(2) 業務を進める手順について、留意すべき点、工夫を要する点を含めて
述べよ。

(3) 業務を効率的、効果的に進めるための関係者との調整方策について述
べよ。

○　最近では、大規模な複合施設が増加してきており、その状態監視や遠隔
操作などが必要になってきている。そのため、IoT技術を用いた施設全体
の状態監視と遠隔操作を計画することになった。この業務を担当責任者と
して進めるに当たり、下記の内容について記述せよ。　　　　　（練習）

(1) 調査、検討すべき事項とその内容について説明せよ。

(2) 業務を進める手順について、留意すべき点、工夫を要する点を含めて
述べよ。

(3) 業務を効率的、効果的に進めるための関係者との調整方策について述
べよ。

　配電設備の問題は1回しか出題されていません。また、監視設備の問題は
出題されていませんが、最近の情報化の動向から、今後は、電気設備分野でも
IoT技術を使ったシステムの導入等が検討されていくのは間違いありません。
そのため、ここで練習問題として例題を作成してみました。この例にこだわら
ず、広く知識を吸収する勉強が必要です。

(4) 照明設備

○　LED照明を建築物の電気設備として導入する場合の下記の項目について
述べよ。　　　　　　　　　　　　　　　　　　　　　　　　（H30－1）

(1) LED照明器具の形状とその特長

(2) LED照明器具を導入する場合の設計及び施工上の留意点

(3) LED照明（照明制御プロトコルを除く）の今後の可能性・技術展望

○　災害時に停電が発生した場合などにおいて、居室や廊下などの避難経路の照度を確保し、迅速な避難行動を助ける施設として非常用の照明装置がある。同装置の設置対象となる大規模ビルにおいて、電気設備の担当者として電源別置形の非常用の照明装置を計画するに当たり、下記の内容について記述せよ。　　　　　　　　　　　　　　　　　　（H27－2）

(1) 検討すべき項目とその内容

(2) 業務を進める手順

(3) (1) の中からあなたが重要と考える項目を2つ選び、業務を進めるに当たって留意すべき事項を述べよ。

○　オフィスビルが建設されることになり、あなたがその照明設計の責任者になった。下記の問いに答えよ。　　　　　　　　　　　　　（練習）

(1) 単にLED光源を使い必要照度を満たすだけの照明ではなく、さらに省エネルギーである照明空間を作るために調査、検討すべき事項とその内容について説明せよ。

(2) 業務を進める手順について、留意すべき点、工夫を要する点を含めて述べよ。

(3) 業務を効率的、効果的に進めるための関係者との調整方策について述べよ。

　照明設備は、電気設備にかかわる技術者が一度は設計・施工を担当したことのある電気設備です。また、電力負荷の面でも電気設備では大きな容量を消費する設備でもあります。そういった点で、新しい工夫が多く公表されています。そういった資料を活用して、自分なりに新たな試みができる技術者になることが求められています。そういった状況を理解して、自分の意見をまとめておくとよいでしょう。

(5) 社会・環境

○　近年、データセンターは、国家に欠かせない社会基盤の1つとなってい

る。また、その性格から、データセンターのセキュリティーは最も重要な要件となっている。データセンターのセキュリティーのうち、入退室に関するアクセス管理（以下、アクセス管理という。）の電気設備に関し、以下の問いに答えよ。　　　　　　　　　　　　　　　　　　（H26-1）

(1) 計画の際に検討すべき事項を述べよ。

(2) アクセス管理の概要と使用されるシステムについて述べよ。

(3) アクセス管理におけるシステムを1つ選び、その機能と留意すべき事項を述べよ。

○　既設のビル電気設備における電気利用に伴うCO_2を削減するプロジェクトに、電気設備の担当者として参画することになった。導入する電気設備を計画するに当たり、下記の内容について述べよ。　　　　　（H25-2）

(1) 目的を達成するための提案

(2) 計画するに当たって考慮すべき事柄

(3) 業務を進める手順、その際に留意すべき事項

○　千軒規模の新興住宅群において、電気自動車などの利用や自然エネルギーの活用により、低炭素型の地域社会を構築するプロジェクトの計画策定に関わることとなった。このような街づくりの責任者として業務を進めるに当たり、電気設備分野の視点から以下の問いに答えよ。　　　（練習）

(1) 調査、検討すべき事項とその内容について説明せよ。

(2) 業務を進める手順について、留意すべき点、工夫を要する点を含めて述べよ。

(3) 業務を効率的、効果的に進めるための関係者との調整方策について述べよ。

○　防災拠点としての機能を持たせることを計画の柱の1つとする、複合施設の再開発プロジェクトに電気設備の担当責任者として参画することになった。この業務を担当責任者として進めるに当たり、下記の内容について記述せよ。　　　　　　　　　　　　　　　　　　　　　　（練習）

(1) 調査、検討すべき事項とその内容について説明せよ。

(2) 業務を進める手順について、留意すべき点、工夫を要する点を含めて述べよ。

(3) 業務を効率的、効果的に進めるための関係者との調整方策について述
べよ。

　社会・環境に関する問題は、それほど多くは出題されていませんが、電気設
備が設置される施設に求められる機能として、社会・環境への対応が求められ
ていますので、今後は、出題される可能性が高まっていると認識すべきです。
環境に対する関心や社会情勢の変化に対して敏感になってさえいれば、解答が
作成できる項目ですので、広い視点で新聞等の情報源を見ていくことが大切で
す。

第4章

選択科目（Ⅲ）の要点と対策

　選択科目（Ⅲ）の出題概念は、令和元年度試験からは、『社会的な
ニーズや技術の進歩に伴い、社会や技術における様々な状況から、複合
的な問題や課題を把握し、社会的利益や技術的優位性などの多様な視点
からの調査・分析を経て、問題解決のための課題とその遂行について論
理的かつ合理的に説明できる能力』となりました。

　出題内容としては、『社会的なニーズや技術の進歩に伴う様々な状況
において生じているエンジニアリング問題を対象として、「選択科目」
に関わる観点から課題の抽出を行い、多様な視点からの分析によって問
題解決のための手法を提示して、その遂行方策について提示できるかを
問う。』とされています。改正前に比べて、遂行方策の提示が加わった
程度の変更ですので、問題で扱うテーマとしては大きな変化がないと考
えられます。そのため、平成25年度試験以降の過去問題は参考になり
ます。

　評価項目としては、『技術士に求められる資質能力（コンピテンシー）
のうち、専門的学識、問題解決、評価、コミュニケーションの各項目』
となりました。

　なお、本章で示す問題文末尾の（　）内に示した内容は、R1－1が
令和元年度試験の問題の1番を示し、Hは平成を示しています。また、
（練習）は著者が作成した練習問題を示します。

1. 電力・エネルギーシステム

　電力・エネルギーシステムで出題されている問題は、エネルギーベストミックス、電力安定化、災害対策、再生可能エネルギー、保全・更新に大別されます。なお、解答する答案用紙枚数は3枚（1,800字以内）です。

(1) エネルギーベストミックス

○　近年、IoT（Internet of Things）技術等ソフト面の技術革新が著しい発展を遂げている。一方、電力システム改革や電源構成を示したエネルギーミックスにおいて、従来型の大規模発電所から分散型エネルギーへの更なるシフトが想定されるなど、電気エネルギーシステムを取り巻く環境が大きく変わろうとしている。このような背景を踏まえ、近未来の電気エネルギーシステムに関して以下の問いに答えよ。　　　　　　　　　　　（H30－2）

　(1) 我が国の将来の動向を考えた時、従来の電気エネルギーシステムでは対応が難しくなると思われる課題を3つ挙げ、その理由を説明せよ。

　(2) 上記の課題の解決策として、あなたが最も有効だと考えるIoTを活用した電気エネルギーシステムを提案せよ。

　(3) あなたが提案した内容における効果、リスク及びその対応策を説明せよ。

○　経済産業省が示した長期エネルギー需給見通しでは、2030年度の我が国の電力の需給構造として再生可能エネルギーによる電力供給を22～24％、原子力発電による電力供給を20～24％、火力発電については、可能な限り依存度を低減することを見込むとしている。このような背景を踏まえ、電力の安定供給について以下の問いに答えよ。　　　　　　　　（H29－1）

　(1) 長期エネルギー需給見通しで示している電源構成を実現するうえで、電力の安定供給を維持するために検討しなければならない課題を2つ挙

げ、説明せよ。

(2) あなたが挙げた2つの課題から1つを選び、それを解決するための技術的提案を具体的に示せ。

(3) あなたの提案により生じうるリスクについて説明し、その対処方法を述べよ。

○ 電力系統における各種電源の最適な組合せは、「電源ベストミックス」と呼ばれ、電源計画における最も重要かつ普遍的な課題の1つである。我が国の電源ベストミックスについて、以下の問いに答えよ。ただし、対象とする電源は、原子力、火力（石油、石炭、及びLNG）、水力、及び新エネルギー（太陽光発電及び風力発電）の4種類のみとする。　　（H26−2）

(1) 我が国における電源ベストミックスを検討する上で考慮すべき重要な課題を3つ挙げ、それらの課題の重要性を我が国の特徴を踏まえて説明せよ。

(2) あなたが挙げた3つの課題を考慮した具体的な電源ベストミックス（上記の4種類の電源のkW比率）を提案し、どのように3つの課題が考慮されているかを説明せよ。

(3) あなたの提案する電源ベストミックスにより生じ得るリスクについて説明し、その対処方法を述べよ。

○ 経済産業省が示した長期エネルギー需給見通しでは、2030年度の我が国の電力の需給構造として再生可能エネルギーによる電力供給を22〜24％、原子力発電による電力供給を20〜24％、火力発電については、可能な限り依存度を低減することを見込むとしている。このことは発電所の立地が大きく変更されることを意味する。このような背景を踏まえ、電力の安定供給について以下の問いに答えよ。　　（練習）

(1) 自然エネルギーや分散型電源の立地を考慮した送電網の最適化について、電力システム技術者としての立場で多面的な観点から課題を3つ抽出し分析せよ。

(2) 抽出した課題のうち、最も重要と考えられる課題を1つ挙げ、その課題に対する複数の解決策を示せ。

(3) 解決策に共通して新たに生じうるリスクとその対策について述べよ。

　エネルギーベストミックスは定期的に出題されている項目です。再生可能エネルギーを主力電源として位置付けた第五次エネルギー基本計画ですが、再生可能エネルギーと並んで主力電源とされている原子力発電は、多くの発電所の廃炉が決まり、エネルギーベストミックスが現実としてどこに落ちつくか不明な状況です。そういった点から、この分野の技術者であれば関心を持っている必要がある事項ですので、今後も定期的に出題されていく項目であるのは間違いありません。

(2) 電力安定化

○　現代の社会は、電力・通信を始めとする多種多様な電気の利用で支えられ、電気文明というべき時代となっている。このような電気の利用によって、我々の生活環境は、様々な電磁界で満ち溢れ、それに伴って各種の電磁環境問題が発生している。　　　　　　　　　　　　　　（R1－1）

(1) 電力・エネルギーシステム分野における電磁環境問題について、技術者としての立場で多面的な観点から課題を3つ抽出し分析せよ。

(2) 抽出した課題のうち、最も重要と考えられる課題を1つ挙げ、その課題に対する複数の解決策を示せ。

(3) 解決策に共通して新たに生じうるリスクとそれへの対策について述べよ。

○　電力系統技術は成熟した技術分野の1つであると考えられるが、重要な社会インフラであるため常に改善が要求される。電力系統が社会のニーズに適切に応え続けるために、あなたが考える近未来の電力系統技術に関して以下の問いに答えよ。　　　　　　　　　　　　　　　（H28－2）

(1) 電力系統技術を検討するに当たって、社会便益向上の観点で配慮すべき事項を3つ挙げ、その理由を説明せよ。

(2) あなたが挙げた配慮すべき事項に応えるために重要であると考えられる電力系統技術を1つ挙げ、その理由を説明せよ。

(3) あなたが説明した電力系統技術適用におけるリスクとその対応策を説明せよ。

○　我が国においては、エネルギー需要に占める電力の割合の増大や高度情

報化社会の進展などに伴い、電力の安定供給はますます重要な課題となっている。このような状況を踏まえ、電力の安定供給について以下の問いに答えよ。　　　　　　　　　　　　　　　　　　　　　　　（H25－1）

(1) 我が国において、電力の安定供給を維持するために検討しなければならない課題を2つ挙げ、説明せよ。

(2) あなたが挙げた2つの課題から1つを選び、それを解決するための提案を具体的に示せ。

(3) あなたの提案により生じ得るリスクについて説明し、その対処方法を述べよ。

○　発送配変電技術においては、様々な場面で信頼性と経済性の適切なバランスが要求される。このような状況を踏まえ、発送配変電技術における信頼性と経済性のバランスについて以下の問いに答えよ。　　　（H25－2）

(1) 発送配変電技術において、信頼性と経済性の適切なバランスが要求される具体例を2つ挙げ、説明せよ。

(2) あなたが挙げた2つの具体例から1つを選び、信頼性と経済性の適切なバランスを実現させるための提案と、その提案がもたらす効果を具体的に説明せよ。

(3) あなたの提案により生じ得るリスクについて説明し、その対処方法を述べよ。

○　エネルギー安定供給、競争力の強化、地球環境問題への対応といった電力システム改革において示された目標の達成に向けて、組織として蓄積された技術の活用が求められている。この状況を踏まえ、電力施設の計画、建設、維持管理に関する以下の問いに答えよ。　　　　　　（練習）

(1) 発電所及び変電所の計画・設計技術を継承し、さらに発展させていくために検討すべき課題を3つ挙げ、それぞれその理由を述べよ。

(2) 抽出した課題のうち最も重要と考える課題を1つ挙げ、その課題に対する複数の解決策を示せ。

(3) 解決策に共通して新たに生じうるリスクとそれへの対策について述べよ。

　東日本大震災直後の計画停電や、北海道地域でのブラックアウトを経験し、これまで電力は安定供給されるものという考え方から、電力を安定供給できる体制や仕組みの再構築が求められようになってきています。太陽光発電が大量導入されている現在では、昼間には太陽光発電で生じた電力が余るようになってきており、これまでの考え方では経済的かつ安定的な電力システムは構築できないとわかってきています。そのための新しい試みについて説明させる問題は継続して出題されるものと考えます。

（3）災害対策

○　近年、我が国では台風、地震等の災害によって電力供給に大きな支障が発生していることから、電力システムのレジリエンスの重要性が認識されている。電力システムのレジリエンスに関して以下の問いに答えよ。

（R1 − 2）

(1) 電力システムのレジリエンスについて、技術者としての立場で多面的な観点から複数の課題を抽出し分析せよ。解答は、抽出、分析したときの観点を明記した上で、それぞれの課題について説明すること。

(2) 抽出した課題のうち最も重要と考える課題を1つ挙げ、その課題に対する複数の解決策を示せ。

(3) 解決策に共通して新たに生じうるリスクとそれへの対策について述べよ。

○　我が国では、東日本大震災（平成23年3月）、関東・東北豪雨（平成27年9月）、熊本地震（平成28年4月）、糸魚川市大規模火災（平成28年12月）など数多くの災害が発生し、甚大な被害を被っている。このような状況の中、自治体においては「災害に強いまちづくり」の計画が進められている。我々、電力供給インフラを担う技術者も、「災害に強いまちづくり」の一端を担うため、計画策定に参画が求められている。このような背景を踏まえ、あなたが「災害に強いまちづくり」を建設・改良する計画策定に、送配電システムの技術部門の責任者として参画するとして、以下の問いに答えよ。

（H29 − 2）

(1)「災害に強いまちづくり」における送配電システムの技術的課題を挙

げよ。

(2) 上記課題のうち、重要と考える課題2項目を選び、解決方法を提案せよ。

(3) あなたが提案する解決方法によって得られる効果及び潜在するリスクを述べよ。

○ 我が国では東日本大震災以降、稀頻度の大規模な自然災害への備えが課題になっている。そういった状況を考慮し、電力流通設備に関して、以下の問いに答えよ。 (H27 − 1)

(1) 電力流通設備に大きな影響を与える自然災害を3つ挙げ、その影響について述べよ。

(2) 上記のうち1つについて、あなたが考える早期復旧のための対策を提案せよ。

(3) あなたの方策に潜むリスクとその対処方法について説明せよ。

　災害対策については、地震などの大規模災害による電力設備の被害がこれまで注目されていましたが、最近では、大雨や台風の影響で、配電線の切断や塩害による漏電などの問題が頻繁に発生してきています。それだけではなく、雷害対策や雪害対策はこれまでも費用をかけて行われており、電力の安定供給に対する自然の脅威については、これからも電力供給に携わる技術者は大きな課題として考えていく必要があります。なお、この項目は1年おきに出題されているのが特徴的です。

(4) 再生可能エネルギー

○ 再生可能エネルギーは、2012年7月に開始した「再生可能エネルギーの固定価格買取制度」の効果もあり急速に普及しつつあるが、2030年度のエネルギーミックスで目指す電源構成の22〜24％の達成に向け、更なる導入拡大が必要である。このような状況を踏まえ、以下の問いに答えよ。 (H30 − 1)

(1) 我が国において、再生可能エネルギーの更なる導入拡大のために検討しなければならない課題を3つ挙げ、説明せよ。

(2) あなたが挙げた3つの課題から1つを選び、それを解決するため、実現性が高いと思われる提案を具体的に示せ。

(3) あなたの提案により生じるリスクについて説明し、その対処方法を述べよ。

○　大型の風力発電所には広大な用地が必要であるが、日本は海に囲まれた島国であり、洋上風力発電への期待が大きい。しかし、我が国における洋上風力発電はまだ研究開発段階にある。これらの背景の下、以下の問いに答えよ。　　　　　　　　　　　　　　　　　　　　　　　　　（H28－1）

(1) 我が国における洋上風力発電開発の技術的課題を3つ挙げよ。

(2) 上記の課題の中から1つ選び、あなたの考える解決方法を提案せよ。

(3) その解決方法に潜むリスクについて分析、評価せよ。

○　我が国では、地球温暖化防止や国産エネルギー活用の観点から再生可能エネルギーによる発電の普及拡大が求められ、近年、固定価格買い取り制度（FIT）や規制緩和などの政策的支援により、再生可能エネルギー発電の導入量は増加してきた。

　　そういった状況を考慮して、以下の問いに答えよ。　　　　（H26－1）

(1) 再生可能エネルギー発電の種類を1つ挙げ、その導入量拡大を図るために検討しなければならない技術的課題を2つ挙げよ。

(2) 上記2つのうち、1つについてあなたの課題解決方法を提案せよ。

(3) あなたの解決方法に潜むリスクとその対処方法について説明せよ。

○　2018年7月に発表された第5次エネルギー基本計画では、将来的な脱炭素化に向けた2050年エネルギーシナリオとともに、2030年エネルギーミックスの確実な実現を目指すことが示されている。この2030年度目標である、2013年度比で温室効果ガス26％削減の実現に対しては、インフラや設備更新のタイミング、実用化から普及までに要する期間を考慮した上で、現実的で実効性のある対応が重要である。このような状況を考慮して、エネルギー供給に携わる技術者として、以下の問いに答えよ。　（練習）

(1) 2030年度目標の実現のために重要と考える技術分野を1つ挙げ、技術者としての立場で多面的な観点から課題を抽出し分析せよ。

(2) 抽出した課題のうち最も重要と考える課題を1つ挙げ、その課題に対

する複数の解決策を示せ。

(3) 解決策に共通して新たに生じうるリスクとそれへの対策について述べよ。

○ 再生可能エネルギーの導入による電力の不安定さを克服して電力の安定供給を実現するために、大電力貯蔵技術の必要性が高まってきている。大電力貯蔵技術の普及を進めていくために、以下の問いに答えよ。(練習)

(1) 電力貯蔵用技術であなたが有望と考えるものを1つ挙げ、技術者としての立場で多面的な観点から課題を抽出し分析せよ。

(2) 抽出した課題のうち最も重要と考える課題を1つ挙げ、その課題に対する複数の解決策を示せ。

(3) 解決策に共通して新たに生じうるリスクとそれへの対策について述べよ。

再生可能エネルギーは、気候変動枠組条約であるパリ協定の採択で、さらに注目を浴びています。逆に、二酸化炭素排出量が多い石炭火力発電所の計画は延期や廃止が決定されています。再生可能エネルギーについては、種類も多くあることから出題のネタは多くあります。また、二酸化炭素の排出量を削減するという意味では、未利用エネルギーの活用も挙げられます。そういった点で、さまざまな観点から、この項目の知識を見直し、最新の動向を調査しておく必要があります。なお、この項目は1年おきに出題されているのが特徴的です。

(5) 保全・更新

○ 我が国の電力設備は、国内産業の発展に呼応して、大規模な電力系統が形成されてきた。このような電力設備の保全業務について、以下の問いに答えよ。　　　　　　　　　　　　　　　　　　　　　　　(H27-2)

(1) 我が国の電力設備の保全における課題を2つ示し、その理由を説明せよ。

(2) 上記のうち1つについて、あなたが考える対策を提案せよ。

(3) あなたが考える対策を実現する際のリスクとその対処方法について説明せよ。

○　水力発電、風力発電、太陽光発電などの発電施設や送電施設に関しては、施設の重要度並びに作用する自然事象の種類・強さ等に応じた耐性を確保することが求められている。このことを踏まえて、以下の問いに答えよ。

（練習）

(1) 発電施設や送電施設に甚大な被害をもたらす恐れのある自然事象に係るリスクについて、施設の種類を1つ挙げ、技術者としての立場で多面的な観点から課題を抽出し分析せよ。

(2) 抽出した課題のうち最も重要と考える課題を1つ挙げ、その課題に対する複数の解決策を示せ。

(3) 解決策に共通して新たに生じうるリスクとそれへの対策について述べよ。

○　電力システムが整備されてから長い期間が経っているため、施設の中には老朽化が進んでいるものも増えている。一方で、人口減少等で電力需要が今後停滞すると考えられており、安易な更新計画が立てられない状況である。電力システムの更新に関して以下の問いに答えよ。　　（練習）

(1) 電力システムの更新方針について、技術者としての立場で多面的な観点から複数の課題を抽出し分析せよ。解答は、抽出、分析したときの観点を明記した上で、それぞれの課題について説明すること。

(2) 抽出した課題のうち最も重要と考える課題を1つ挙げ、その課題に対する複数の解決策を示せ。

(3) 解決策に共通して新たに生じうるリスクとそれへの対策について述べよ。

　保全や更新の問題は、これまで出題されている回数は少ないのですが、我が国では、少子高齢化による人口減少や省エネルギーの動向から電力需要は減少しており、電力設備の更新に関しては、その判断が難しい局面に来ています。また、電力会社の新規参入も続いていますので、設備投資した資金の回収についての判断においては、過去の事例は参考にならなくなってきています。そういった点で、設備寿命の長期化や維持管理費の削減などの視点で技術者は工夫を求められていくと考えなければなりません。

2. 電 気 応 用

電気応用で出題されている問題は、省エネルギー、新技術、維持管理、社会・産業変化、災害対応、品質に大別されます。なお、解答する答案用紙枚数は3枚（1,800字以内）です。

(1) 省エネルギー

○　国際エネルギー機関（IEA）の報告書によると、世界全体の電力需要における用途別消費電力量は、電動機46%、照明19%、熱変換器19%、家電エレクトロニクス10%などとなっており、電動機が最も多くの電力を消費している。そのため消費電力量の低減には電動機の省エネルギー化が重要である。そのため消費電力量の低減には電動機の省エネルギー化が重要である。これまでにも、電動機単体の低損失化並びに駆動制御技術の高度化による電動機駆動の高効率化が実現されてきている。　　（R1－1）

(1) 電動機単体での低損失化方策を2つ挙げてそれぞれの具体例を示せ。それら選定した2つの方策の範囲内でさらに効率を改善して効果を出すために、電気応用の技術者としての立場で多面的な観点から課題を抽出し分析せよ。

(2) 抽出した課題のうち最も重要と考える課題を1つ挙げ、その課題に対する複数の解決策を示せ。

(3) 解決策に共通して新たに生じうるリスクとそれへの対策について述べよ。

○　あなたは製造業の工場の電気設備管理責任者として、エネルギーの使用の合理化等に関する法律（以下、省エネ法）に基づいて計画的に省エネルギー化を進めることとなった。以下の問いに答えよ。　　（H30－2）

(1) あなたが管理する工場における、エネルギー管理の考え方を具体的に

説明せよ。

(2) あなたが管理する工場において、電気設備の省エネルギー化を進める提案を3つ挙げ、その内容を具体的に示せ。

(3) あなたの提案から1つを選び、省エネルギー効果を具体的に示すとともに、そこに潜むリスクやデメリットについても論述せよ。

○　電力・通信・上下水道・ガス等の社会インフラ施設では、二酸化炭素排出量削減に貢献するため、再生可能エネルギーの積極的導入が期待されている。また、これらの施設は、停電時にも運転の継続が求められる。そのため、気象条件により出力変動が生じる再生可能エネルギーを、停電時には非常用電源として活用することになる。ただし、出力変動を見越した再生可能エネルギーの大量導入は、経済性の視点から適切でない。

　　このような状況を踏まえ、インフラ施設を各自で想定し、以下の問いに答えよ。　　　　　　　　　　　　　　　　　　　　　　　　　　（H27－2）

(1) 停電時にも運転を継続するために検討しなければならない課題を挙げ、説明せよ。

(2) それを解決するための提案を示せ。

(3) その提案がもたらす効果やメリットを示すとともに、そこに潜むリスクやデメリットについても記述せよ。

○　環境エネルギー問題を背景に、エネルギー消費の面において、大幅な省エネルギーにつながる技術の開発が急務となっている。このような状況を考慮して、以下の問いに答えよ。　　　　　　　　　　　　　　　　（H25－2）

(1) 電気応用分野において、今後、省エネルギー技術として期待されるものを3つ挙げ、図を用いながら説明せよ。

(2) 上述の項目の中で、あなたが最も有効であると考えるものを1つ挙げ、普及に向けた技術的提案を示せ。

(3) あなたの技術的提案に潜むリスクについて論述せよ。

○　地球温暖化防止のために、大幅な二酸化炭素の排出削減が求められるようになってきている。一方、原子力発電所の廃炉が決定されてきており、原子力発電による電力供給量は今後減少していくことが想定されている。そのため、エネルギー消費の面において、大幅な省エネルギーや低炭素化

につながる技術の開発が急務となっている。このような状況を考慮して、以下の問いに答えよ。　　　　　　　　　　　　　　　　　　　　　（練習）

(1) これまでの省エネルギー技術に加えて、さらなるエネルギー削減のために貢献すると考えられる技術を3つ挙げてそれぞれの具体例を示せ。さらにエネルギー削減効果を出すために、電気応用の技術者としての立場で多面的な観点から課題を抽出し分析せよ。

(2) 抽出した課題のうち最も重要と考える課題を1つ挙げ、その課題に対する複数の解決策を示せ。

(3) 解決策に共通して新たに生じうるリスクとそれへの対策について述べよ。

○　2015年末のCOP21においてパリ協定が採択され、温室効果ガス排出量の削減に向けた電気機器の省エネルギー化による取組がより一層強く求められている。電気機器及びシステムの省エネルギー化を検討する技術者として、以下の問いに答えよ。　　　　　　　　　　　　　　　　（練習）

(1) エネルギー効率の改善方策を2つ挙げてそれぞれの具体例を示せ。それら選定した2つの方策の範囲内でさらに効率を改善して効果を出すために、電気応用の技術者としての立場で多面的な観点から課題を抽出し分析せよ。

(2) 抽出した課題のうち最も重要と考える課題を1つ挙げ、その課題に対する複数の解決策を示せ。

(3) 解決策に共通して新たに生じうるリスクとそれへの対策について述べよ。

エネルギー資源が少ない我が国においては、省エネルギーは重要な政策であり、さまざまな面から省エネルギー化が図られています。最近では、二酸化炭素の排出削減のためにも、設備側の省エネルギー化は欠かせません。特に電力消費量の多くを占める電動機や変圧器での対策は広く行われています。また、情報技術の活用が増えていることから情報分野における電力消費量は増加しています。そういった点では、聖域なしで多方面の省エネルギー化の状況や方向性を説明できる知識を身につけなければなりません。

（2）新技術

○　近年、二酸化炭素等排出増加の影響により地球温暖化が進んでいると言われて久しい。現在、約4％と言われる送配電ロスの低減が求められている。そこで、発電された電力を有効に活用することを目的に超電導材料の導入が期待されている。　　　　　　　　　　　　　　　　　　　（R1－2）

(1) 超電導材料の活用計画を策定する立場から超電導現象の特徴を記載せよ。また、超電導材料を用いた電力有効活用の具体的な手段を1つ示せ。さらに技術者として、示した手段に対する課題を多面的な観点から抽出せよ。

(2) 抽出した課題のうち最も重要と考える課題を1つ挙げ、その課題に対する複数の解決策を示せ。

(3) 解決策に共通して新たに生じうるリスクとそれへの対策について述べよ。

○　自動車の自動運転技術に関する研究開発が進められている。これについて、以下の問いに答えよ。　　　　　　　　　　　　　　　　　　　　（H30－1）

(1) 自動運転で用いられるセンシング技術を2つ挙げ、概要及び課題を述べよ。

(2) 電気応用分野の技術士として、あなたの挙げたセンシング技術における課題のうち1つを選び、技術的提案を具体的に示せ。

(3) (2) の技術提案がもたらす効果を示し、想定されるリスク、今後の展開について論述せよ。

○　電動アクチュエータや人工筋肉などの動力を用い、人間の筋力を増強するパワードスーツの開発が進められている。これについて、以下の問いに答えよ。　　　　　　　　　　　　　　　　　　　　　　　　　　　　　（H29－2）

(1) パワードスーツの応用分野を2つ挙げ、概要及び課題を述べよ。

(2) 電気応用分野の技術士として、あなたの挙げた2つの応用分野における課題に対する技術的提案を具体的に示せ。

(3) (2) の技術提案がもたらす効果をそれぞれ示し、想定されるリスク、今後の展開について論述せよ。

新技術としては、自動車分野における「つながる車」、「自動化」、「電動化」
などの大きな動きがありますし、ロボットとの協働や共生などの動きもあります。
また、狩猟社会 (Society 1.0)、農耕社会 (Society 2.0)、工業社会 (Society 3.0)、
情報社会（Society 4.0）に続く、Society 5.0（サイバー空間（仮想空間）と
フィジカル空間（現実空間）を高度に融合させたシステムにより、経済発展と
社会的課題の解決を両立する、人間中心の社会（Society））に向けた技術に関
しても知識を持っておく必要があります。

(3) 維持管理

○　期待寿命の半分以上が経過した工場の電力設備の管理責任者として、以
　　下の問いに答えよ。　　　　　　　　　　　　　　　　　　　　（H29－1）

　(1) 変圧器、電動機、遮断器のそれぞれについて、寿命の考え方と、余寿
　　　命診断方法を述べよ。

　(2) 上述した機器から1つを選び、中期的な費用拠出を押さえながら、期
　　　待寿命を超えて機能を維持するための提案を示せ。

　(3) あなたの提案がもたらす効果を具体的に示すとともに、そこに潜むリ
　　　スクやデメリットについても論述せよ。

○　今後、少子高齢化により、電気機器あるいはそれらを組み合わせたシス
　　テムのメンテナンス要員の労働力の確保が困難になることが予想される。
　　この対策として、設計段階から信頼度を確保するための冗長設計を行うこ
　　とが有効である。このことについて以下の問いに答えよ。　　（H27－1）

　(1) 冗長設計を行う上で検討すべき課題を述べよ。

　(2) 上記課題の中から2つを選び、それらを解決するための提案を示せ。

　(3) あなたの提案がもたらす効果を示すとともに、そこに潜むリスクやデ
　　　メリットについても論ぜよ。

○　老朽更新を必要とする電気設備において、メーカーから保守部品の供給
　　停止予告を受けた。このような状況において、この設備の管理責任者とし
　　て以下の問いに答えよ。　　　　　　　　　　　　　　　　　（H26－1）

　(1) この設備による機能を維持する上で、検討すべき課題を多面的に述べ
　　　よ。

(2) 上述した課題から2つ選んで詳述し、それらを解決するための提案を示せ。

(3) あなたの提案がもたらす効果を具体的に示すとともに、そこに潜むリスクやデメリットについても論述せよ。

○　交通・物流、電力、情報通信などのライフラインにおいて、電気機器や関連設備は重要な役割を担っている。近年、これらのメンテナンスにおいて、経費節減の要求や労働環境の変化などにより、いっそうの省力化や効率化が求められている。このような状況を踏まえ、以下の問いに答えよ。

(H26－2)

(1) 電気機器や関連設備のメンテナンスの省力化や効率化を図る上で、検討すべき課題を多面的に述べよ。

(2) あなたが挙げた課題から1つを選び、それを詳述するとともに、解決するための技術的提案を示せ。

(3) あなたの技術的提案がもたらす効果を具体的に示すとともに、そこに潜むリスクやデメリットについても論述せよ。

　これまで多くの設備やシステムが導入されてきているため、維持管理の費用は膨大なものとなってきています。また、少子高齢化による後継者の不足や、人口減少や財政のひっ迫によるインフラ更新の費用捻出の難しさもあり、維持管理は、自動化や省力化を検討しなければならない分野になってきました。そういった点で、今後の維持管理の考え方や方針などに関する出題は増えていくと考えます。

(4) 社会・産業変化

○　現在、大都市圏において交通に関する様々な課題が顕在化している。これに対応するため、交通システムにおける技術の向上が急速に進められており、今後の活用に期待がかかっている。このような状況を踏まえ、以下の問いに答えよ。

(H28－1)

(1) 大都市圏における交通の課題を5つ挙げ、説明せよ。

(2) あなたの挙げた5つの課題から2つを選び、電気応用分野の技術士と

して、技術的提案を具体的に示せ。

(3) (2) の各技術的提案がもたらす効果を示し、提案における問題点と解
決策、今後の展開について論述せよ。

○ 日本は1994年12月WTO（世界貿易機構）に加盟し、WTO一括協定と
なったTBT協定（貿易の技術的障害に関する協定）に基づき運用がなさ
れてきた。WTO協定の目的は、「生活水準の向上、完全雇用の確保、高水
準の実質所得及び有効需要の着実な増加、資源の完全利用、物品及びサー
ビスの生産及び法益の拡大」である。またTBT協定は、工業製品等の各
国の規格及び規格への適合性評価手続き（規格・基準認証制度）が不必要
な貿易障害とならないよう、国際規格を基礎とした国内規格策定の原則、
規格作成の透明性の確保を定めている。一方、2015年10月、環太平洋パー
トナーシップ（TPP）協定交渉が大筋合意に達し、2016年2月、協定への
署名が行われた。これらを積極的に活用して、我が国の経済再生と地方創
生を推進することは、ますます重要になっている。このような状況を踏ま
え、以下の問いに答えよ。　　　　　　　　　　　　　　　　　　(H28 - 2)

(1) 現状の世界貿易ルールを活用し、我が国における電気応用分野の産業
をより大きく発展させるために、検討しなければならない課題を3つ挙
げ、説明せよ。

(2) あなたが挙げた3つの課題から2つを選び、実現させるために電気応
用分野の技術者として取り組むべき提案を具体的に示せ。

(3) あなたの提案がもたらす効果を具体的に示すとともに、あなたの提案
のメリット・デメリットについて述べよ。

○ 我が国では、2010年から2025年までの15年間で、社会全体の高齢化率
（65歳以上人口の割合）が23％から30％に大幅に上昇すると予想されてい
る。2025年時点で介護職員は34万人不足する見込みである。このような
状況の中で、高齢者の移動、入浴、排泄、他の支援の際に、介護者の負担
を軽減するための介護機器、歩行等を補助する介護機器、認知症の人を見
守る介護機器などが開発されている。新たな介護機器を開発し、普及させ
るには、介護される高齢者と介護者の双方のニーズを把握し、それに応じ
た機器を開発することが必要である。今後もこのような介護機器の役割は

ますます重要になると考えられ、その開発には最新のロボット技術や情報処理技術などの活用が期待されている。　　　　　　　　　　　　（練習）

(1) 介護機器の開発・設計・導入・普及に関して、具体的な介護機器の例を1つ挙げ、電気応用分野の技術者としての立場で、多面的な観点から課題を抽出し分析せよ。

(2) 抽出した課題のうち最も重要と考える課題を1つ挙げ、その課題に対する複数の解決策を示せ。

(3) 解決策に共通して新たに生じるリスクとそれへの対策について述べよ。

最近では、少子高齢化による独居世帯の増加や地方の人口減少など、社会の構成が大きく変化してきています。高齢者の介護や高齢者の運転による事故などの多発も大きな問題となっています。そういった時代背景から、この項目で出題される問題は今後増えていくと考えられます。また、外国籍の人の流入により、日本の地域の人口構成も変化してきていますし、外国人旅行者による地方への影響も、プラスとマイナスの両面で顕在化してきています。そういった状況を反映した問題が出題されていく可能性があります。

(5) 災害対応

○　東日本大震災では大地震、大津波などが発生し大規模な停電も発生した。今後も大規模な震災が発生する恐れが指摘されている。そういった状況を考慮して、電気応用の技術士としての立場から以下の問いに答えよ。

（H25－1）

(1) 今後、大震災に対して強化を検討すべき対策を2つ挙げ、図を描いて説明せよ。また、それらを挙げた理由についても記述せよ。

(2) 上述のいずれか1つの対策について、最大の効果をあげるための技術的課題を示し、それを解決するための技術的提案を、図を描いて説明せよ。

(3) あなたの技術的提案がもたらす効果を具体的に示すとともに、留意すべき点についても論述せよ。

○　最近では、地震、津波、火山噴火、洪水などが定期的に発生しており、大規模な停電や交通網の機能停止などの障害が発生している。また、今後も大規模な災害が発生する恐れが指摘されている。そういった状況を考慮して、以下の問いに答えよ。　　　　　　　　　　　　　（練習）

(1)　今後、災害に対して強い社会を作り上げていくために検討すべき方策を2つ挙げてそれぞれの具体例を示せ。それら選定した2つの方策の範囲内でさらに安全性を高めるために、電気応用の技術者としての立場で多面的な観点から課題を抽出し分析せよ。

(2)　抽出した課題のうち最も重要と考える課題を1つ挙げ、その課題に対する複数の解決策を示せ。

(3)　解決策に共通して新たに生じうるリスクとそれへの対策について述べよ。

　災害は我が国では避けられないものとして、防災・減災の観点から、技術者はさまざまな対応を検討しなければなりません。電気応用では、これまであまり多くの問題は出題されていませんが、今後は災害に関する問題が増えていくと考える必要があります。なお、災害に対しては、ハード的な対応に加えてソフトの面での対応も求められますので、そういった視点で考えることも大切です。

(6)　品　質

○　製造業においても品質関連の不正が相次いでいる。あなたが、製品メーカーの品質管理の責任者であり、量産品を製造した後、出荷前に素材メーカーから強度が要求仕様をわずかに満足しないとの報告があったとして、以下の問いに答えよ。　　　　　　　　　　　　　（練習）

(1)　最終製品を具体的に提示し、契約上の要求仕様に満たない品質の材料を特別に採用する可否を判断するため、材料強度の観点から検討すべき重要な項目を2つ挙げてそれぞれの具体例を示せ。それら選定した2つの方策の範囲内でさらに安全性を高めるために、電気応用の技術者としての立場で多面的な観点から課題を抽出し分析せよ。

(2) 抽出した課題のうち最も重要と考える課題を1つ挙げ、その課題に対する複数の解決策を示せ。

(3) 解決策に共通して新たに生じうるリスクとそれへの対策について述べよ。

○　我々の社会は実に多くの電気製品に支えられている。特に電力や通信、上下水道等のライフライン維持や医療現場等に使われている医療機器は、健全に稼動し続けることが求められ、予期せずに機能不全を起こすことは人命や我々の生活に大きな影響を直接与えてしまうことになる。そして、このような製品開発においては、その利用目的に合わせて特化した対応・対策が必要不可欠となってくる。このような背景を考慮して、次の各問に答えよ。　　　　　　　　　　　　　　　　　　　　　　　　　　　（練習）

(1) 健全に稼動することが求められ、機能不全を起こすことが許されない電気機器・システムの製品開発に向けて、電気応用分野の技術者の立場で多面的な観点から複数の課題を抽出し分析せよ。

(2) 抽出した課題のうち最も重要と考える課題を1つ挙げ、その課題に対する解決策を3つ示せ。

(3) 解決策に共通して新たに生じうるリスクとそれへの対策について述べよ。

　我が国は、工業製品の品質の高さがこれまで評価されてきていました。しかし、さまざまな技術分野で、品質を損なうような行為が広く行われていた事実が明らかになり、大きな問題となっています。そういった点で、これまでは出題されていませんが、電気応用の分野においては、今後、品質に注目してもらいたいと考え、練習問題を作成しましたので、参考にしてもらえればと思います。

3. 電子応用

電子応用で出題されている問題は、新技術・企画、センサネットワーク、社会変化に大別されます。なお、解答する答案用紙枚数は3枚（1,800字以内）です。

（1）新技術・企画

○　電気電子技術を利用したシステムや電子機器等は、生活に密着して幅広く多様なサービスを提供しているが、必ずしも使い勝手が万人向けとは限らない。そのため、なるべく多くの人がサービスを利用できるようにするユニバーサルデザインが求められている。

　　ユニバーサルデザインを行う電子応用技術者として、以下の問いに答えよ。　　　　　　　　　　　　　　　　　　　　　　　　　（R1－1）

(1) 生活に密着して多様なサービスを提供しているシステムや電子機器等において、サービスの利用が困難な事例を挙げて、複数の観点から分析し、課題を3つ以上抽出せよ。

(2) (1)で抽出した課題のうち重要と考えられる課題を3つ挙げ、それらの課題の解決策をそれぞれ示せ。

(3) (2)で示した解決策に共通して新たに生じうるリスクとそれへの対策について述べよ。

○　我が国が独自に開発する測位衛星として、準天頂衛星システム（みちびき）がある。準天頂衛星によって、山間部やビル陰などの影響を受けずに高度な衛星測位が可能である。あなたは、電子応用の技術者として、準天頂衛星システムを利用したプロジェクトに参画することになった。具体的な実施例を想定した上で、下記の内容について記述せよ。　　（H30－2）

(1) 実施例として考えられるものを1つ挙げ、その概要を説明せよ。

(2)　(1) で挙げた実施例を構築するに当たり、検討しなければならない課題を3つ挙げて説明せよ。

(3)　(2) で示した課題に対して、あなたが最も重要と思うものを1つ挙げ、解決のための技術的提案を示せ。

(4)　(3) で挙げた技術的提案に潜むリスクについて論述せよ。

○　近年、製品開発における人の経験に依存してきた作業をAI（人工知能）により支援することで、経験による判断に頼らずとも効率的でばらつきのない判断が実現可能と考えられている。電子応用に関する開発業務にAIを用いる具体的な実施例を想定した上で、下記の内容について記述せよ。

(H29 − 1)

(1)　実施例として考えられるものを1つ挙げ、その概要を説明せよ。

(2)　(1) で挙げた実施例でAIを応用するに当たり検討しなければならない課題を3つ挙げて説明せよ。

(3)　(2) で示した課題に対して、あなたが最も重要と思うものを1つ挙げ、解決のための技術的提案をせよ。

(4)　(3) で挙げた技術的提案に潜むリスクについて論述せよ。

○　電子回路や集積回路が日常生活の様々な機器に取り入れられており、さらに、通信機器やヘルスケア商品、自動車・航空機・船舶やそれらの管制システムも電子システムによって機能が充実してきている。今後は、個々の製品に特化した、小さくて高機能を実現した集積回路や電子システムを用いることになり、従来の同種の製品に比べ、少量多品種の回路・システム開発が望まれると期待される。一方、それら1つ1つの開発には、多くの設計者が労力と時間を費やす必要があり、多品種の開発と人材の確保が釣り合わないことも考え得る。また、中長期的には、継続的に製品開発やアフターケアを行うためにも、人材を育てることを考慮して設計体制を整える必要もある。このような状況を踏まえて、以下の問いに答えよ。

(H27 − 1)

(1)　今後、少量多品種が求められるとあなたが考える集積回路や電子回路・電子システムの具体例を1つ挙げ、その概要を説明せよ。

(2)　(1) で挙げた開発において、生産性を向上するためにハードウェアに

携わる技術者として検討すべき項目を多様な観点から記述せよ。

(3) (2) の検討すべき項目のうち、あなたが重要であると考える技術課題を1つ挙げ、実現可能な解決策を1つ提示せよ。

(4) あなたの提示した解決策がもたらす効果を具体的に示すとともに、想定されるリスクについて記述せよ。

○ 近年CCDイメージセンサに代わってCMOSイメージセンサが様々な電子機器に応用されている。それぞれのイメージセンサの動作原理、特徴を踏まえて、以下の問いに答えよ。 (H27 – 2)

(1) イメージセンサの具体的応用例を挙げ、その概要を説明せよ。

(2) (1) で挙げた応用例を実現するに当たり、ハードウェア技術者の立場から見て検討しなければならない項目を多面的に述べよ。

(3) (2) で挙げた検討項目の中で、最も重要と考えられる課題を1つ挙げ、解決するための技術的提案と、その提案が有効である理由を説明せよ。

(4) 技術的提案に潜むリスクについて論述せよ。

○ ウェアラブル端末などの携帯電子機器の普及には、外部からの電源ケーブルが不要であること、及び電池による動作時間が長いことが必須となっている。このような状況を踏まえて以下の問いに答えよ。 (H26 – 1)

(1) このように外部からの電源ケーブルを繋ぐことなく、電池により長時間の動作や運用を可能とするために、検討すべき項目を多面的に述べよ。

(2) 上述した検討項目に対して、あなたが最も大きな技術課題と考えるものを1つ挙げ、解決するための技術的提案を示せ。

(3) あなたの技術提案がもたらす効果を具体的に示すとともに、そこに潜むリスクについても述べよ。

○ 過去40年以上にわたり、比例縮小（スケーリング）則に基づく半導体技術の発展が社会に大きなインパクトを与えてきた。しかし、近い将来、物理的寸法の微細化は収束するものと予想されている。一方、厳しい国際競争環境の中で、ユーザからの要求は今後も高度化、多様化するものと考えられることから、引き続き半導体技術の進展が期待されている。このような状況を勘案して、以下の問いに答えよ。 (H25 – 1)

(1) 今後の半導体技術の進展のために、あなたが重要だと思う検討項目を

多面的な観点から3つ挙げ、説明せよ。

(2) 上述した検討項目に対して、あなたが最も重要な技術的課題と考えるものを1つ挙げ、解決するための技術的提案を示せ。

(3) その技術的提案により得られると考えられる効果を具体的に示すとともに、そこに潜むリスクについても論述せよ。

○　電子機器やシステムの高機能化、高付加価値化により、電子機器やシステム、これらに内蔵される電子基板に至るまで、それぞれの相互接続が多岐にわたり、さらにはこれらの間でやり取りする情報量も増加の一途をたどっている。このため様々な問題が発生し、電子機器、システム、電子基板などを正常に動作させるために考慮すべき事項が増加している。このような状況を考慮して、以下の問いに答えよ。　　　　　　　　（H25－2）

(1) このような、電子機器、システム、電子基板などの例を1つ示し、その提示例において検討しなければならない項目を多面的な観点から3つ挙げて説明せよ。

(2) 上述した検討すべき項目に対して、あなたが最も大きな技術課題と考えるものを1つ挙げ、解決するための技術的提案を示せ。

(3) あなたの技術提案がもたらす効果を具体的に示すとともに、そこに潜むリスクについても論述せよ。

○　人工知能（AI）の技術の応用が多方面で実用化されつつある。電子機器やシステムにおいても「計測」、「制御」、「運転監視」を目的に、機械学習を使った人工知能（AI）を応用することで、従来の限界を超えるブレイクスルーになることが期待される。

　　上記を踏まえ、電子応用技術者として以下の問いに答えよ。　　（練習）

(1) 具体的な電子機器若しくは電子回路を使ったシステムを1つ挙げ、その目的を上記の3つの中から1つ選び、技術者としての立場で多面的な観点から課題を抽出し分析せよ。

(2) 抽出した課題のうちあなたが最も重要と考える課題を1つ選択し、その課題に対する複数の解決策を示せ。

(3) 解決策に共通して新たに生じうるリスクとそれへの対策について述べよ。

○　今後はさまざまな分野において、マイクロマシンの活用が求められてい
　くと考えられるが、電子応用の技術士として以下の問いに答えよ。(練習)

(1) マイクロマシンに利用が可能な技術や物性に関して複数挙げ、その中
　であなたが有力であると考えるものを1つ示すとともに、複数の観点か
　ら分析し、実用化していくための技術課題を3つ以上抽出せよ。

(2) (1)で抽出した課題のうち重要と考えられる課題を3つ挙げ、それら
　の課題の解決策をそれぞれ示せ。

(3) (2)で示した解決策に共通して新たに生じうるリスクとそれへの対策
　について述べよ。

　電子応用では、新技術・企画の問題は定番問題となっています。ただし、項
目として1つにまとめてみましたが、さまざまな視点で問題が出題されていま
すので、決して勉強するポイントが絞れるわけではありません。こういった点
が、電子応用の合格率が年度によって大きく変化している原因なのかもしれま
せん。かつてから、電子応用で出題される問題の範囲は広く、以前は他の選択
科目に比べて多くの問題を出題して、その中から受験者が得意なものを選択で
きるような選択の幅が広い出題形式でした。それがすべての技術部門・選択科
目で出題問題数が統一されたため、選択の幅が狭まり、年度によって出題され
る問題のテーマが変わるようになったのが、合格率の年度変化を招いていると
考えられます。そういった傾向を理解して勉強してください。

(2) センサネットワーク

○　平成29年版高齢社会白書(内閣府)によれば、我が国の65歳以上の高
　齢者人口は、3,459万人となり、総人口に占める割合(高齢化率)も27.3%
　となった。高齢化が進むとともに一人暮らしの高齢者が増加しており、生
　活支援者や介護職員の不足が問題となっている。

　　そこで、一人暮らしの高齢者の状態を計測する、装着が不要のシステム
　が求められている。あなたは、電子応用の技術者として、このような要求
　にこたえるためのシステムを構築するプロジェクトに参画することになっ
　た。具体的な実施例を想定した上で、以下の内容について記述せよ。ただ

し、画像センサを用いるシステムは除く。　　　　　　　　　　　（H30－1）

(1) 実施例として考えられるもの（対象とする患者、疾病）を1つ挙げ、その概要を説明せよ。

(2)（1）で挙げた実施例の装着不要計測システムを構築するに当たり、検討しなければならない課題を3つ挙げて説明せよ。

(3)（2）で示した課題に対して、あなたが最も重要と思うものを1つ挙げ、解決のための技術的提案を示せ。

(4)（3）で挙げた技術的提案に潜むリスクについて論述せよ。

○　近年、さまざまなセンサを用いてデータを取得し、利便性を向上させるIoT（Internet of Things）デバイスが注目されている。このようなセンサを有したIoTデバイスを実現するプロジェクトに電子回路設計者として参画することになった。ただし、インターネットに接続するためのネットワーク機能回路は、他社から購入するため、あなたの業務からは除外する。このIoTデバイスを用いる具体的な実施例を想定した上で、下記の内容について記述せよ。　　　　　　　　　　　　　　　　　　　　（H29－2）

(1) 実施例として考えられるものを1つ挙げ、その概要を説明せよ。

(2)（1）で挙げた実施例を構築するに当たり、電気回路や電子回路、電子デバイスの知識に基づき検討しなければならない課題を3つ挙げて説明せよ。

(3)（2）で示した課題に対して、あなたが最も重要と思うものを1つ挙げ、解決のための技術的提案をせよ。

(4)（3）で挙げた技術的提案に潜むリスクについて論述せよ。

○　センサの小型化、高性能化、無線技術、社会インフラの整備などにより複数のセンサから得た多様な情報を収集し、的確に把握することで、その場のユーザーニーズに即した情報提示、サービス提供などに役立てるセンサネットワークシステムが本格的に導入されつつある。その一方で、様々な課題が表面化している。このような状況を考慮して、電子応用の技術者として以下の問いに答えよ。　　　　　　　　　　　　　（H28－2）

(1) スマートメーター用通信システムを除くセンサネットワークの具体的な応用例を示し、その応用例における課題を3つ挙げて説明せよ。

(2)（1）で示した課題に対して、あなたが最も重要と思うものを1つ挙げ、解決のための技術的提案をせよ。

(3)（2）の技術的提案がもたらす効果を1つ具体的に示し、そこに潜むリスクについて論述せよ。

○　近年の半導体集積回路技術は驚異的な進歩を遂げた。パソコン、携帯機器、スーパコンピュータなどの分野のほかにも、新しい領域への応用が検討されている。特に期待が高まっている分野の1つにセンサネットワークへの応用がある。センサネットワークは、センサの高性能化、情報通信技術の進展、社会インフラの整備なども相まって、誰もが安心して住める安全な社会の実現手段として本格的に導入されつつあるが、一方で様々な課題も表面化している。このような状況を踏まえて以下の問いに答えよ。

(H26－2)

(1) センサネットワークの具体例として考えられるものを1つ挙げ、その概要を説明せよ。

(2)（1）で挙げたセンサネットワークを構築するに当たり、検討しなければならない項目を多面的に述べよ。

(3)（2）で挙げた検討項目の中で、電子応用に携わる技術者の立場から見て最も重要と考えられる課題を1つ挙げ、解決するための技術的提案と、それが有効であると考える理由を説明せよ。

(4)（3）で挙げた技術的提案に潜むリスクについて論述せよ。

○　身の回りのあらゆるものがインターネットにつながるIoTは、自動車や鉄道などの交通機関分野、物流分野、医療分野、機械保守分野、製造分野など、様々な分野でサービスが活用されるようになってきた。

　上記を踏まえ、電子応用技術者として以下の問いに答えよ。　（練習）

(1) IoTサービスを導入するに当たり、複数の観点から分析し、課題を3つ以上抽出せよ。

(2)（1）で抽出した課題のうち重要と考えられる課題を3つ挙げ、それらの課題の解決策をそれぞれ示せ。

(3)（2）で示した解決策に共通して新たに生じうるリスクとそれへの対策について述べよ。

センサに関する問題は、電子応用では、比較的安定して出題されている項目です。センサネットワークやIoTという事項は現在注目されていますので、しっかり勉強をしておくとある程度点数が稼げると思います。ですから、この項目は多面的な視点で説明ができるよう力を入れて勉強してもらいたいと思います。内容的にも、電子応用の受験者にはなじみやすい事項ですので、自然に身につけられると考えます。

(3) 社会変化

○　我が国の農業の強みは、気候や土壌などの地域特性に対応した匠の技に支えられた多種多様で美味しい品目、品種、消費者ニーズに即した安全安心な農産物などである。しかし、現場では、依然として人手に頼る作業や熟練者でなければできない作業が多く、省力化、人手の確保、負担の軽減が必要であり、いわゆるスマート農業の推進により、新規就労者の確保や栽培技術力のスムーズな継承などが期待されている。

上記を踏まえ、電子応用技術者として以下の問いに答えよ。(R1－2)

(1) 今後、スマート農業への取組が求められるとあなたが考える農業の具体例を挙げて、それぞれに対して、複数の観点から分析し、課題を抽出せよ。

(2) (1)で抽出した課題のうち最も重要と考える課題を1つ挙げ、電子応用技術者として、その課題の解決策を3つ示せ。

(3) (2)で示した解決策に共通して新たに生じうるリスクとそれへの対策について述べよ。

○　電子技術は応用範囲を広げており、従来は異分野と考えられていた機械・交通・建築・農業・医療・芸術などを支える技術となっている。今後も、より多方面で、技術の融合とでもいうべき新規分野開拓の結果として、電子技術が便利な社会を作り出すことが期待されている。このような生活の近代化や都市化の一方で、安らぎを感じるため或いは循環型社会を実現するなどのために、里山の保全・活用・創成が注目されており、電子技術との関わりが少ない社会もまた求められている。このような社会状況を考慮して、以下の問いに答えよ。　　　　　　　　　　(H28－1)

(1) 物心両面で困らない、より豊かな社会を実現するために、電子技術の活かし方で検討すべき項目を多様な視点から挙げ、その内容について述べよ。

(2) 上述した検討すべき項目に対して、解決すべき技術的課題を抽出し、主要な課題解決のために実現可能性の高い3つの技術的対応策を解説せよ。

(3) それぞれの対応策を実施した場合の効果（メリット）とそれらを実行する際の問題点を論述せよ。

○　製品の信頼性は性能・価格と同様に製品の価値を定める重要な要素であり、信頼性の低い製品は市場から継続的な支持を得られない。そのため、製品開発に従事する者は信頼性向上を常に念頭に置いて設計変更や新材料の採用などを行っているが、新原理に基づいた革新的な技術の採用により飛躍的に信頼性を高めることができる場合も多い。

　　上記を踏まえ、電子応用技術者として以下の問いに答えよ。　（練習）

(1) 対象とする電子機器を1つ選択し、その機器の信頼性を決定する主な要因を多面的な観点から3つ挙げ、それぞれに対して、複数の観点から分析し、課題を抽出せよ。

(2) (1) で抽出した課題のうち最も重要と考える課題を1つ挙げ、電子応用技術者として、その課題の解決策を3つ示せ。

(3) (2) で示した解決策に共通して新たに生じうるリスクとそれへの対策について述べよ。

○　我が国では、東日本大震災（平成23年3月）、関東・東北豪雨（平成27年9月）、熊本地震（平成28年4月）、糸魚川市大規模火災（平成28年12月）など数多くの災害が発生し、甚大な被害を被っている。このような状況の中、自治体においては「災害に強いまちづくり」の計画が進められている。このような背景を踏まえ、電子技術を用いてインフラの防災及び異常通報システムを構築する技術部門の責任者として参画するとして、以下の問いに答えよ。　　　　　　　　　　　　　　　　　　　　　　　　　　　　（練習）

(1) 「災害に強いまちづくり」を電子応用の技術で構築する場合の具体例を挙げて、それぞれに対して、複数の観点から分析し、課題を抽出せよ。

    (2)　(1) で抽出した課題のうち最も重要と考える課題を1つ挙げ、電子応用技術者として、その課題の解決策を3つ示せ。

    (3)　(2) で示した解決策に共通して新たに生じるリスクとそれへの対策について述べよ。

○　インフラの老朽化が大きな問題として取り上げられるようになってきているが、財政の面から大幅な更新が難しい社会状況である点は変わらない。そのため、効果的かつ効率的に更新を行うための仕組みが重要となってきている。そういった仕組みを実現するために必要な新技術について、電子応用の技術士として以下の問いに答えよ。　　　　　　　　　　　　（練習）

    (1)　インフラの効率的な更新の仕組みを電子応用の技術を用いて実現する場合の具体的事例を1つ示し、複数の観点から分析し、課題を3つ以上抽出せよ。

    (2)　(1) で抽出した課題のうち重要と考えられる課題を3つ挙げ、それらの課題の解決策をそれぞれ示せ。

    (3)　(2) で示した解決策に共通して新たに生じるリスクとそれへの対策について述べよ。

　社会変化については、電子応用の分野に限定して勉強しているだけでは解答できない問題が出題されていますので、全く別の視点で勉強する必要があります。具体的には、少子高齢化や環境問題、災害に対する対応、電子化による新しい産業などの視点になると思います。実際の試験では、問題を見ないと解答できるかどうかはわからないですが、世の中の動向に注目していると、解答できる問題が出題される可能性が高くなると考えます。そういった点で、当たりはずれがある項目ですが、技術士になったら知っておかなければならない事項ですので、新聞や雑誌等の記事に興味を持って目を通しておいてください。

4. 情 報 通 信

情報通信で出題されている問題は、ビッグデータ、情報セキュリティ、安全・快適社会、災害、インフラに大別されます。なお、解答する答案用紙枚数は3枚（1,800字以内）です。

(1) ビッグデータ

○ 高速大容量・高性能な通信環境が広く提供される時代の到来により、ライフスタイルやワークスタイルの変革が期待されている。それらの通信環境の特長を活かした高度なサービスでは、一人ひとりの利用環境又は個々の端末に応じて柔軟にきめ細やかな情報を提供することが重要になる。この場合、インターネット経由のセンター集中型クラウドでは処理が集中するために、高速大容量・高性能な通信の利点がエンドツーエンドのネットワーク全体では活かせなくなる。それを活かすには、いわゆるエッジコンピューティングを活用することが求められる。このような状況を踏まえ、情報通信ネットワーク分野の技術者として、以下の問いに答えよ。

(R1-1)

(1) 上記のエッジコンピューティングを活用する上での課題を、技術者として多面的な観点から抽出し分析せよ。

(2) (1)で抽出した課題のうち最も重要と考える課題を1つ挙げ、その課題の解決策を3つ示せ。

(3) (2)で示した解決策に共通して新たに生じうる懸念事項とそれへの対策について述べよ。

○ IoTや5Gの進展も相まって、様々なシーンで多様な事象がデータ化され、収集されたデータを利活用することで、企業活動の効率化や新たな付加価値の創造、社会的課題の解決に向かおうとする潮流がある。このため、今

後ますます安心・安全に、膨大な量のデータを収集し、多様なネットワークインフラにまたがって流通させる仕組みが求められている。このような状況を踏まえて、情報通信ネットワーク分野の技術者として、以下の問いに答えよ。 (H30－1)

(1) 安心・安全なデータ収集・流通の仕組みを実現するための課題を、多面的な観点から抽出し分析せよ。

(2)(1)で抽出した課題の中で、最も重要と考える課題を1つ挙げ、その課題の解決策を3つ示せ。

(3)(2)で提案した解決策に関連して新たに生じるリスクとそれへの対策について述べよ。

○ 世界中の様々なモノと人を含むあらゆる存在がインターネットにつながるIoT（Internet of Things）が進展しており、従来にない価値創造や課題解決に資する事例も現れつつある。そのIoTの適用分野の中でネットワークの果たす役割は大きく、IoTの進展に関わる課題として、各国が共通して認識している課題に「ネットワークインフラ整備」及び「ネットワークの高度化・仮想化」が挙げられている。このような状況を踏まえて、情報通信ネットワーク分野の技術者として、以下の問いに答えよ。

(H29－1)

(1) IoTの適用分野を代表的な産業・用途にカテゴライズして記述せよ。その上で、IoTの適用分野におけるネットワークシステムとして、様々な産業・用途をカバーするために考慮すべき代表的な、IoT固有の要件を3つ挙げ、それぞれに対する課題について説明せよ。

(2)(1)で挙げた3つの課題すべてに対して、それらを解決するための情報通信分野としての具体的な技術的対策を提案せよ。

(3)(2)で提案した技術的対策がもたらす効果、及び新たに浮かび上がってくるリスクについて説明せよ。

○ 今日、社会全体のICT化が進められる中、膨大な情報を収集して新たな価値を創出するビッグデータ分析など、匿名性を求められるデータ利活用の需要が高まっている。ソーシャルデータやパーソナルデータの利活用を促進するには、世帯や企業が、インターネットや情報通信ネットワークを、

匿名性の視点から安心、安全に利用できることがますます求められる。このような状況を考慮して、情報通信に携わる技術者としての見識を踏まえ、以下の問いに答えよ。 (H28−2)

(1) 匿名性の視点から検討すべき最も重要な課題を、多面的に述べよ。

(2) (1)で挙げた課題に対して、情報通信分野としての技術的対策項目を提案せよ。

(3) (2)で提案した技術的対策項目から、あなたが重要と考える2つの項目について、それぞれ具体的な内容、効果及び新たに浮かび上がってくるリスクについて述べよ。

○ 現在、各種インフラ（基盤）におけるサービスでは、エネルギー利用情報、生活行政情報、利用者の行動情報、気象情報、医療情報など、様々な情報が取得、利用され、情報通信技術（ICT）を活用した、各種インフラの高機能化・高性能化に関するスマートインフラの提案が世界的に行われている。ただし、それぞれ対象となる個々のインフラ内に限定して利用される場合が多いことから、地域住民のQoL（Quality of Life）改善などに向けた新しいサービスを展開していくには、横断的にネットワークを活用して様々なスマートインフラを相互に融合連携させる取組が期待されている。そうした中で最近は、情報通信技術の飛躍的な変化によって、スマートインフラを融合連携するためのインフラの考え方にも変化が起きているといわれる。このような状況を考慮して、以下の問いに答えよ。

(H27−1)

(1) スマートインフラの融合連携を実現するために検討しなければならない、情報通信分野の問題を多面的に述べよ。

(2) 上述した検討すべき問題を解決するための情報通信の技術の中で、最近の飛躍的な変化とあなたが考えるものを3つ挙げ、それぞれの変化を技術的に説明した上で、上記の問題を解決するための提案を技術的に深堀りして示せ。

(3) あなたの技術的提案がもたらす効果を具体的に示すとともに、そこに潜む将来的なリスクについて述べよ。

○ 近年、情報通信の普及によって、量的のみならず、質的にも従来とは違

う多種多様な大量の情報、いわゆるビッグデータが、ネットワークを通じ流通している。このような状況を考慮して、以下の問いに答えよ。

（H26－1）

(1) 今後、社会的にビッグデータの活用を進めていく上で、検討すべき項目について、多面的に述べよ。

(2) 上述した検討すべき項目に対して、あなたが最も大きな技術的課題と考えるものを1つ挙げ、その理由と、それを解決するための技術的提案を示せ。

(3) あなたの技術的提案がもたらす効果を具体的に示すとともに、そこに潜むいくつかのリスクについても論述せよ。

○　近年、さまざまなセンサを用いてデータを取得し、利便性を向上させるIoT（Internet of Things）デバイスが注目されている。このようなセンサを有したIoTデバイスを使ったシステム構築プロジェクトに情報通信技術者として参画することになった。このIoTデバイスを用いる具体的な実施例を想定した上で、下記の内容について記述せよ。　　　　　（練習）

(1) 実施例として考えられるものを1つ挙げ、そのシステムを構築する上での課題を、技術者として多面的な観点から抽出し分析せよ。

(2) (1)で抽出した課題のうち最も重要と考える課題を1つ挙げ、その課題の解決策を3つ示せ。

(3) (2)で示した解決策に共通して新たに生じうる懸念事項とそれへの対策について述べよ。

○　IoT（Internet of Things）が普及する前段階として、社会に存在する多くの機器が広義の情報機器となり、M2M（Machine to Machine）のコンセプトに基づいた機器間通信が一般的になり、多くの機器が統合的に機能するようになると予測されている。M2Mにより情報化したシステムを例に、以下の問いに答えよ。　　　　　（練習）

(1) これまでにない新たな機器へのM2M導入時の課題を、技術者として多面的な観点から抽出し分析せよ。

(2) (1)で抽出した課題のうち最も重要と考える課題を1つ挙げ、その課題の解決策を3つ示せ。

(3) (2) で示した解決策に共通して新たに生じうる懸念事項とそれへの対
策について述べよ。

　情報通信では、ビッグデータは定番問題として認識する必要があります。こ
れまでは、特に難解な問題は出題されていませんので、この項目を選択する受
験者は多いと考えられます。そういった点で、解答内容がありきたりであると、
点数が伸びない可能性がありますが、基本的には、技術士第二次試験はキー
ワードをしっかり示していれば点数が上がっていく採点の仕組みになっていま
すので、内容をよく吟味して、そこで示すべきキーワードをしっかりリスト
アップできれば合格点を超えると思います。そういった点で、キーワードを拾
い出す練習をしておいてください。

(2) 情報セキュリティ

○　近年、企業のICTシステムは、オンプレミス型の自社環境に限らず、イ
ンターネット経由のクラウドサービスやソーシャルネットワーキングサー
ビスをはじめ、外部の環境の活用が広く進められている。そのため、自社
環境のようなクローズ（ド）システムとしての視点とインターネットのよ
うなオープンシステムとしての視点の両方から検討することなどが求めら
れる。情報通信分野での普遍的課題として、「安全なインターネット」の
確立があるが、その実現のためには、上記の例のような「複眼的な視点か
らの検討」が必要不可欠になっている。このような状況を考慮して、情報
通信ネットワークに携わる技術者としての見識を踏まえ、以下の問いに答
えよ。　　　　　　　　　　　　　　　　　　　　　　　　　（H29－2）

(1) 上記のように「安全なインターネット」を実現するためには、どのよ
うな「複眼的な視点からの検討」が求められるか、重要と考える視点の
組合せを3つ挙げ、それぞれにおける主な課題について説明せよ。

(2) (1) で挙げた3つの課題それぞれに対して、課題を解決するための情
報通信分野としての技術的対策を提案せよ。

(3) (2) で提案した技術的対策から、「安全なインターネット」の実現で、
あなたが最も効果的と考える技術的対策を選び、その対策の具体的な内

容、効果、及び新たに浮かび上がってくるリスクについて説明せよ。

○　近年、社会生活や企業活動において情報通信ネットワークが担う役割は、加速度的に増大している。そのため、災害や障害等の不測の事態に対して堅牢な情報通信ネットワークを設計、構築することが普遍的課題となっている。特に最近では、標的型攻撃のように、特定企業、団体を狙ったセキュリティ犯罪が増える中、より大規模な社会的、経済的混乱を狙ったサイバーテロの脅威が高まっている。このような状況を踏まえ、企業内の情報通信ネットワークのセキュリティ対策について、以下の問いに答えよ。

(H27 - 2)

(1)　一般的な情報通信ネットワークに対するセキュリティ攻撃とそれに対抗するための代表的な対応策の現状を述べよ。それらの現状を受けて、企業内の情報通信ネットワーク設計や構築において、セキュリティ対策を実施する上で最も考慮すべき技術的課題を述べよ。

(2)　(1) で挙げた課題に対して、どのような方策が考えられるか、解決するための技術的提案を示せ。

(3)　さらに堅牢性を高めるため、企業内の情報通信ネットワークのセキュリティ対策に関する今後の技術発展の方向性について、あなたの見通しを述べよ。

○　スマートネットワーク社会の到来に伴い、インフラ設備としての電力設備や通信設備なども含めて、交通インフラなどもインターネットへつながる社会が実現されようとしている。それに対して、情報セキュリティの確保は欠かせないものとなってきている。そういった状況を考慮して、以下の問いに答えよ。

(練習)

(1)　インフラの維持管理及び運用において、情報セキュリティの面から考えたとき、技術者としての立場で多面的な観点から課題を抽出し分析せよ。

(2)　抽出した課題のうち最も重要と考える課題を1つ挙げ、その課題に対する解決策を3つ示せ。

(3)　解決策に共通して新たに生じうるリスクとそれへの対策について述べよ。

　情報セキュリティに関しては、業務においても一番気を遣う事項となっています。情報通信分野においては、その傾向はさらに強いと考えて、情報セキュリティの内容については、最新の動向をしっかり勉強してもらいたいと思います。情報通信で出題される問題の中には、直接的に情報セキュリティに関して記述する問題ではなくとも、情報セキュリティの面での考察が必要になる問題は多くありますので、この分野における普遍的な事項として勉強してもらえればと考えます。

(3) 安全・快適社会

○　都市部における人口集中は、世界的にいろいろな問題を引き起こす原因になっている。こうした人口集中によって生じる問題の1つに、道路交通渋滞が挙げられ、その解消は重要である。我が国の都市部における道路交通渋滞の解消に向けて、情報通信分野の技術者として、以下の問いに答えよ。　　　　　　　　　　　　　　　　　　　　　　　　　　(R1－2)

(1) 道路交通渋滞の解消を考えたとき、技術者としての立場で多面的な観点から課題を抽出し分析せよ。

(2) 抽出した課題のうち最も重要と考える課題を1つ挙げ、その課題に対する解決策を3つ示せ。

(3) 解決策に共通して新たに生じうるリスクとそれへの対策について述べよ。

○　車の運転の自動化については、一般に下記の複数のレベルが定義されている。

・レベル1：加速・操舵・制動のいずれかをシステムが行う

・レベル2：加速・操舵・制動のうち複数の操作をシステムが行う

・レベル3：加速・操舵・制動を全てシステムが行い、システムが要請したときはドライバーが対応する

・レベル4：加速・操舵・制動を全てシステムが行い、ドライバーが全く関与しない

レベル3及びレベル4の運転自動化の実現に当たっては、走行環境認識の主体がドライバーからシステムに移るため、レベル1及びレベル2とは利

用する技術の幅が本質的に大きく異なる。システムに極めて高い性能や信頼性が求められるばかりでなく、地図、測位技術、レーダーやカメラの他にも情報通信の様々な技術を利用することが求められる。これらを踏まえて、以下の問いに答えよ。　　　　　　　　　　　　　　　（H28－1）

(1) レベル3及びレベル4の運転自動化を実現する際に、レベル1及びレベル2と比較して、重大となる課題を多面的に列挙せよ。

(2) (1) で挙げた課題の中で、あなたが最も重要と考える課題を2つ挙げ、それぞれの課題に対する情報通信分野での技術的解決策を提案せよ。

(3) あなたの提案した解決策を実用化する際に生じ得るトラブル等の問題点を洗い出し、それぞれの技術的な対処方法について述べよ。

○　我が国は、2011年10月1日現在、総人口に占める65歳以上の人口の割合（高齢化率）が23.3％であり、超高齢社会として世界的に知られている。高齢化にともない、高齢者の一人暮らしも増えている。このような状況を考慮して、以下の問いに答えよ。　　　　　　　　　　　　（H25－1）

(1) 高齢者にも暮らしやすい社会を実現するために、情報通信の技術士として検討しなければならない項目を多面的に述べよ。

(2) 上述した検討すべき項目に対して、あなたが最も大きな技術的課題と考えるものを1つ挙げ、解決するための技術的提案を示せ。

(3) あなたの技術的提案がもたらす効果を具体的に示すとともに、そこに潜むリスクについても論述せよ。

○　情報通信技術がスマートグリッドのようなエネルギーの安定供給の面でも大きな要素となってきている。そういった状況を考慮して、以下の問いに答えよ。　　　　　　　　　　　　　　　　　　　　　　　（練習）

(1) エネルギーの安定供給を考えたとき、技術者としての立場で多面的な観点から課題を抽出し分析せよ。

(2) 抽出した課題のうち最も重要と考える課題を1つ挙げ、その課題に対する解決策を3つ示せ。

(3) 解決策に共通して新たに生じるリスクとそれへの対策について述べよ。

　最近では、社会的な変化が多く生じています。少子高齢化や地方の衰退によ
る交通弱者問題によって、高齢者の運転による事故を防止する自動運転技術へ
の待望論などの変化が生じています。また、これまで出題はされていませんが、
分散型エネルギーをうまく活用していくスマートグリッドなどの実現において
も、情報通信技術は欠かせないものと考えますので、そういった例を練習問題
として示しました。これらを参考にして、さまざまな視点で最近の社会動向を
調査してください。

(4) 災　害

○　東日本大震災では、情報通信インフラにも甚大な被害が発生し、避難、
　救助、住民の生活や復興などに大きな影響を与えた。今後、南海トラフ地
　震、首都直下地震等の大規模震災の発生が予想される中、情報通信インフ
　ラをどのように整えるべきか、情報通信分野の技術者として以下の問いに
　答えよ。　　　　　　　　　　　　　　　　　　　　　　　(H30－2)

　(1) 大規模震災が情報通信インフラに与える影響について、多面的に述べ
　　　よ。

　(2) 大規模震災が発生した際、情報通信インフラの機能を維持又は早急に
　　　復旧するための技術的対策を3つ提案せよ。

　(3) 上記の技術的対策のうち最も有効と考える対策について、具体的な内
　　　容、効果、実現する上での留意点について述べよ。

○　一般的に、事故や故障、異常などにつながる出来事が正確に予期されな
　いという事実は、それらが妨げないということを意味するものではない、
　と言われている。重要な社会インフラの1つである情報通信においても、
　大規模災害の発生時にサービスを継続することが求められる。東日本大震
　災では、ラジオ・携帯電話・携帯メール・地上テレビ放送・インターネッ
　トなどのメディアが、時間の経過とともにどのように使われたか、時期別
　の利用メディアの評価が教訓として報告されている。そういった状況を考
　慮して、情報通信の技術士として以下の問いに答えよ。　　　(H25－2)

　(1) これまでの大規模災害の教訓を踏まえて、これからの大規模災害に情
　　　報通信がどのように備えるべきか、その果たすべき役割について、多面

　　的に述べよ。

　（2）上述した役割を果たすために、あなたが最も本質的な鍵となると考え
　　　る課題を1つ挙げ、それを解決するための技術的提案を示せ。

　（3）あなたの技術的提案がもたらす効果を具体的に示すとともに、その技
　　　術を導入するに当たって障壁となる課題、リスクに触れ、将来ビジョン
　　　についても論述せよ。

○　東日本大震災では大地震、大津波などが発生し大規模な停電も発生した。
　今後も大規模な震災が発生する恐れが指摘されている。そういった状況を
　考慮して、情報通信分野の技術者として、以下の問いに答えよ。（練習）

　（1）震災後に情報通信を早急に復旧させるために、技術者としての立場で
　　　多面的な観点から課題を抽出し分析せよ。

　（2）抽出した課題のうち最も重要と考える課題を1つ挙げ、その課題に対
　　　する解決策を3つ示せ。

　（3）解決策に共通して新たに生じうるリスクとそれへの対策について述べ
　　　よ。

　我が国は、これまでも災害の多い地域でしたが、最近ではスーパー台風や線
状降水帯などによる災害の頻度が上がってきていると考えます。そういった点
から、災害に関する問題は何度か出題されています。特に情報通信は、災害後
の早期に復活できれば、情報配信を通じて、二次災害の防止や減災対策が実現
できますので、災害時の重要なインフラになると考えます。このような視点で、
情報通信分野の技術者としてどういった検討を行っていなければならないかを、
事前に考えておくと有益であると思います。

（5）インフラ

○　我が国では、東京オリンピックと同時期に整備された首都高速1号線な
　ど、高度成長期以降に集中的に整備されたインフラの高齢化が進んでいる。
　インフラ老朽化対策の推進に関する関係省庁連絡会議の「インフラ長寿命
　化計画」（平成25年）によると、今後20年で、建設後50年以上経過する
　道路橋（橋長2ｍ以上）の割合は、現在の約16%から約65%になるなど、

高齢化の割合は加速度的に増加する。インフラはその名の通り、国家の基盤であり、その維持・長寿命化は喫緊の課題である。このような状況を考慮して、以下の問いに答えよ。　　　　　　　　　　　　(H26 - 2)

(1) インフラの維持・長寿命化に当たり、考慮すべき項目を多様な観点から記述せよ。

(2) 上述した考慮すべき項目に対して、あなたが最も大きな技術的課題と考えるものを1つ挙げ、情報通信分野の観点から、解決するための技術的提案を示せ。

(3) あなたの技術的提案がもたらす効果を具体的に示すとともに、そこに潜むリスク・問題点についても論述せよ。

○　インフラの老朽化が大きな問題として取り上げられるようになってきているが、財政の面から大幅な更新が難しい社会状況である点は変わらない。そのため、効果的かつ効率的に更新を行うための仕組みが重要となってきている。そういった仕組みを実現するために必要な新技術について、情報通信の技術者として以下の問いに答えよ。　　　　　　　　　　(練習)

(1) 仕組みを実現するために必要な技術を1つ挙げ、複数の観点から分析し、課題を抽出せよ。

(2) (1) で抽出した課題のうち最も重要と考える課題を1つ挙げ、その課題の解決策を3つ示せ。

(3) (2) で示した解決策に共通して新たに生じうるリスクとそれへの対策について述べよ。

インフラ老朽化の問題は、技術士第二次試験では多くの技術部門・選択科目で出題されている事項です。情報通信システム自体もインフラの一部ですので、老朽化に対する対策は、当然、今後求められていくと考えられます。対策としては、延命化や効果的な更新提案などがありますが、情報通信分野の機器やシステムは機能的に陳腐化する速度が他の設備と違って早いので、その点を認識して、人口減少社会の中で、どう対応していくのかについて自分の意見を固めておく必要があります。

5. 電 気 設 備

　電気設備で出題されている問題は、エネルギー・環境、安全・安心社会、維持管理・リニューアル、災害に大別されます。なお、解答する答案用紙枚数は3枚（1,800字以内）です。

（1）エネルギー・環境

○　我が国では、再生可能エネルギーを、2030年度にはエネルギーミックスにおける比率で22〜24％を達成させるとともに、その後も持続的に普及拡大させ、主力電源とする計画がある。そのためには、再生可能エネルギーが固定価格買取制度（FIT）に頼らない電源となる必要がある。2009年に開始された余剰電力買取制度（2012年にFITに移行）の適用を受けた10 kW未満の住宅用太陽光発電設備が2019年11月以降、順次10年間の買取期間を終了することや、10 kW以上の太陽光発電設備についても今後、順次20年間の買取期間が終了することを踏まえ、以下の問いに答えよ。

(R1－1)

(1) 技術者としての立場で多面的な観点から課題を抽出し分析せよ。

(2) 抽出した課題のうち最も重要と考える課題を1つ挙げ、その課題に対する複数の解決策を示せ。

(3) 解決策に共通して新たに生じうるリスクとそれへの対策について述べよ。

○　近年の照明設備は、住居や生産活動現場の快適性を創造する環境整備を視野に入れ照明器具や制御機器の技術開発が進められている。その一方で、照明設備は、電気設備の中でエネルギー使用量の多くを占め、さらなる省エネルギー化が求められている。この様な状況を踏まえて、電気設備分野の技術者として、以下の問いに答えよ。

(R1－2)

(1) 照明設備の分野において、省エネルギーを踏まえ良好な視環境を実現するために技術者としての立場で多面的な観点から課題を抽出し分析せよ。

(2) 抽出した課題のうち最も重要と考える課題を1つ挙げ、その課題に対する複数の解決策を示せ。

(3) 解決策に共通して新たに生じうるリスクとそれへの対策について述べよ。

○　ZEBの実現・普及に向けて、近年優れた建築計画と様々な先進技術の組合せによるZEBが数多く実現している。

　　Nearly ZEB（一次エネルギー削減率75％以上）を目標とする小規模新築オフィスビルにおいて、太陽光発電設備を計画するに当たり、電気設備の技術者として以下の問いに答えよ。ただし、計画与条件は下記の通りとする。　　　　　　　　　　　　　　　　　　　　　　　　　（H30 − 2）

建築概要：延床面積　約1,500 m²、地上3階、計画地　東京都市街地区
目標PV年間発電電力量：45 MWh以上

屋上PV計画可能面積：約400 m²（陸屋根）

(1) 太陽光発電の設計手順のうち、与件整理、太陽電池モジュールの選定、太陽電池モジュールの配置検討（架台及び基礎の検討除く）について検討概要及び留意点を述べよ。

(2) 太陽光発電の電気設計のうち、系統連系の計画（系統への連系方法とその技術要件、留意点）について具体的に述べ、構成図を記載せよ。

(3) 敷地内において再生可能エネルギーの有効利用やエネルギーロスの低減を目的とした太陽光発電に関連する技術提案とその効果、実現するための課題・対策・留意点を述べよ。

○　大幅な省エネルギーを実現するZEB（ネット・ゼロ・エネルギー・ビル）に注目が集まっており、新築公共建築物等で2020年までにZEB（Nearly ZEB、ZEB Readyを含む）化が求められている。

　　このような状況を踏まえ、事務所ビル・学校等のZEB化実現に向けて電気設備技術者としてどのように取り組めばよいか、以下の問いに答えよ。
　　　　　　　　　　　　　　　　　　　　　　　　　　　　（H29 − 1）

(1) ZEBの概要を述べよ。

(2) 電気設備の各機器・システムにおいてZEB化実現に向け検討すべき項目（課題）を列挙せよ。

(3) (2)で挙げた項目から、あなたが重要と考えるものを3つ選び、解決するための具体的な技術的提案とそれに対する効果・留意点などを述べよ。

○　我が国では、昨今各種の再生可能エネルギーの導入が進んでいる。そのうち太陽光発電設備を設置する場合、出力変動が大きいなどの理由により、技術面では連系条件が難しくなることや解列時間が長くなるなどの状況が想定され、更に制度面では土地利用などの規制がある。

　　このような状況を踏まえ、太陽光発電設備の導入を促進し、発電した電力を有効利用するため、電気設備の技術者として、以下の問いに答えよ。

（H28 − 2）

(1) 太陽光発電導入促進及び有効利用するうえでの課題を列挙せよ。

(2) あなたが重要と考える課題2項目挙げ具体的に説明し、各々の対策を述べよ。

(3) 上記であなたが述べる対策により、期待する効果と潜在するリスクを述べよ。

○　近年、風力・太陽光など自然エネルギーの導入が広く行われている。風力・太陽光などの分散型電源は、既存の商用系統へ連系して利用されることが多い。これらの分散型電源を既存系統に連系する際には、電気設備上の様々な技術的対策を施す必要がある。ここでは、分散型電源を既存の高圧配電系統に連系することを想定して、以下の問いに答えよ。（H27 − 1）

(1) 電気設備の技術者として検討すべき課題を多面的に述べよ。

(2) 上記の中から、あなたが重要と考える課題を2つ選び、各々について解決するための技術的対策を具体的に述べよ。

(3) あなたの技術的対策がもたらす効果及び留意すべき事項を述べよ。

○　我が国においては、エネルギー需要に占める電力の割合の増大や、東日本大震災以降の深刻な電力不足に対し、エネルギー使用の合理化によるエネルギー消費量の大幅な削減が強く求められている。これらを踏まえ、将

来のビルや工場におけるエネルギー使用の削減計画を立案することを想定
し、以下の問いに答えよ。 (H26−1)

(1) 基本的な考え方を述べよ。

(2) 基本的な考え方を実現する技術を2つ提案せよ。

(3) 提案がもたらす効果及び提案を実現する課題を述べよ。

○ 我が国は世界有数の排ガス及び空気浄化技術を持ち、各種工場などから
の排ガスによる大気汚染やビルなどの室内空気の汚染問題はあまり聞かれ
なくなった。しかし、諸外国においては、この対策は十分とはいえない。
このような世界状況を考慮し、以下の問いに答えよ。 (H25−1)

(1) 諸外国の大気汚染防止に対し可能な対策について多面的に述べよ。

(2) 上述した対策に対し、あなたが最も重要と考えるものを1つ挙げ、そ
の理由を述べよ。また、提案する設備を具体的に述べよ。

(3) あなたの提案する設備がもたらす効果を具体的に示すとともに、その
提案において生じうるトラブルと対策について述べよ。

○ 2015年末のCOP21においてパリ協定が採択され、温室効果ガス排出量
の削減に向けた再生可能エネルギー利用等による取組がより一層強く求め
られている。電気設備分野においても再生可能エネルギー利用を積極的に
検討する必要がある。電気設備分野の技術者として、以下の問いに答えよ。

(練習)

(1) 電気設備における再生可能エネルギー利用の取組に関して、技術者と
しての立場で多面的な観点から課題を抽出し分析せよ。

(2) 抽出した課題のうち最も重要と考える課題を1つ挙げ、その課題に対
する複数の解決策を示せ。

(3) 解決策に共通して新たに生じうるリスクとそれへの対策について述べ
よ。

電気設備においては、エネルギー・環境の問題は定番問題として毎年出題さ
れています。もちろん、取り上げているテーマは変わっていますが、受験者で
あれば、当然想定していなければならない内容が出題されているといえます。
ですから、多くの受験者にとって選択しやすい項目といえます。技術士第二次

試験の採点は、必要なキーワードの記述数で点数が上がっていきますので、内容を理解したら、解答に書かなければならないキーワードをよく吟味して、答案内にできるだけ多くそれらを書き込むことが大切です。漠然とした全体概要を述べただけの答案では点数が上がりませんので、その点を強く認識してください。

(2) 安全・安心社会

○　電気設備に求められる安全・安心環境の構築を阻害する要因として、過電流、過電圧、感電など多くの事項が考えられる。これら事項のうち、地絡などに起因する感電は、甚大な影響を与えることから、その対策は重要な事項となる。

　　ことに、老若男女が起居する集合住宅においては、感電保護は最も重要な事項の1つであることから、慎重な対応が求められている。

　　このような状況を踏まえ、以下の問いに答えよ。　　　　　　（H28－1）

(1) 集合住宅における感電保護として、電源の自動遮断による方法を選定した場合において、安全・安心環境の構築に当たり、その阻害要因になると考えられる事項を列挙せよ。

(2) 上述した阻害要因事項について、あなたが重要と考える事項を2項目選定し、それを解決するための技術的提案を示せ。

(3) あなたの技術的提案がもたらす効果・リスクを述べよ。

○　今日、我が国は高齢化社会を迎えており、2025年には国民のおよそ5人に1人が75歳以上の後期高齢者になる統計が出されている。高齢者においては、身体機能の低下、経済活動の低下などの生活面での課題が想定され、電気設備分野としても多様な対応が求められる。このような状況の中、あなたが高齢者向け住宅の計画責任者として業務を推進するに当たり、以下の問いに答えよ。　　　　　　（H27－2）

(1) 高齢者の抱える課題を多様な視点から述べよ。

(2) 上述した課題に対して、電気設備分野としての技術的対策項目を提案せよ。

(3) (2) で提案した技術的対策項目から、あなたが重要と考える2つの項

目について、具体的な内容、効果及び想定されるリスクについて述べよ。

○　電気設備は、生活に密着して幅広く多様なサービスを提供しているが、必ずしも使い勝手が万人向けとは限らない場合がある。そのため、なるべく多くの人がサービスを利用できるようにするユニバーサルデザインが求められている。

ユニバーサルデザインを実現する電気設備技術者として、以下の問いに答えよ。　　　　　　　　　　　　　　　　　　　　　　　　　（練習）

(1) 生活に密着して多様なサービスを提供している電気設備において、ユニバーサルデザインの観点から、技術者としての立場で課題を抽出し分析せよ。

(2) 抽出した課題のうち最も重要と考える課題を1つ挙げ、その課題に対する複数の解決策を示せ。

(3) 解決策に共通して新たに生じうるリスクとそれへの対策について述べよ。

○　電気設備は自然環境の影響を受ける場所に設置される場合が多くあるが、インフラ設備として自然災害に対して耐性を持つことが求められるようになってきている。そういった状況を考慮して、電気設備分野の技術者として、以下の問いに答えよ。　　　　　　　　　　　　　　　　　　　（練習）

(1) インフラ設備としての運用を維持していくために、技術者としての立場で多面的な観点から課題を抽出し分析せよ。

(2) 抽出した課題のうち最も重要と考える課題を1つ挙げ、その課題に対する複数の解決策を示せ。

(3) 解決策に共通して新たに生じうるリスクとそれへの対策について述べよ。

電気設備技術者が実現するべきものは、安全・安心で快適な環境です。そのため、この項目は、電気設備の本来の目的に沿ったものであるといえます。ですから、実務においても必ずこの点を考えながら設計しているはずですので、普段から考えていることを、読みやすい文章で示していけば、合格できる内容にまとまると考えます。ただし、これまでの出題頻度は高くありませんので、

出題された際には、チャンスと考えて、わかりやすい解答にまとめてください。

(3) 維持管理・リニューアル

○　建築物のロングライフ化を進めるためには、設計段階からライフサイクル（LC）を見通した評価を行い、その結果を企画や設計行為に反映していくことが必須である。これらを踏まえ、LC設計を行う上で電気設備設計者としてどのように取り組めばよいか、以下の問いに答えよ。

（H30－1）

(1) LC設計の概要を述べよ。

(2) LC設計を進める上で経済性以外の評価検討項目のうちから4つ以上挙げ、それぞれの評価検討内容を述べよ。

(3) 次の①～⑥のうちから2つを挙げ、LC設計を行うため(2)で挙げた評価検討項目（4つ以上）及び経済性について具体的に比較検討を行い、総合評価せよ。なお、検討を行う建物の条件は10,000 m²程度の事務所ビル、LC計画年数50年とする。

①油入変圧器とモールド変圧器

②非常照明において蓄電池内蔵型と電源別置型

③電線のECSO（電線の太径化）設計と標準設計

④事務室エリアにおけるアンビエント照明とタスク＆アンビエント照明

⑤ディーゼル発電機（ラジエータ冷却）とガスタービン発電機

⑥力率改善用の高圧コンデンサと低圧コンデンサ

○　1980年代に建設されたインテリジェントビルは、すでに耐用年数が経過し老朽化が進んでおり、リニューアルの必要性が指摘されている。さらに災害に対するBCP（事業継続計画）対策や一層の情報通信システムの高度化に対する信頼性向上への要求が高まっている。　　　　（H29－2）

このような状況を踏まえた大規模オフィスビルにおいて、キュービクル式受変電設備を運用しながら全面リニューアルを実施する際、電気設備の技術者として以下の問いに答えよ。

(1) キュービクル式受変電設備の全面リニューアルを実施計画するに当たり、手順の概要を述べよ。

(2) (1) で挙げた手順の中からあなたが重要と考える検討項目を3つ挙げ、課題と具体的な技術的提案（対策）を述べよ。

(3) 上記であなたが述べる対策により、期待する効果・留意点などを述べよ。

○ 近年、建築ストックの再生として広くリニューアルが行われている。電気設備のリニューアルにおいても、施設のライフサイクルの観点から長期的な視野に立って計画する必要があり、技術的な検討項目も多い。ここでは公共性の高い大規模施設でリニューアル計画を立てることを想定し、以下の問いに答えよ。　　　　　　　　　　　　　　　　　　(H26-2)

(1) 検討すべき項目を多面的に述べよ。

(2) 上記のうち、あなたが重要と考える項目を2つ選び、各々について解決すべき課題と対応策を述べよ。

(3) 対応策がもたらす効果及び潜在するリスクを述べよ。

○ 老朽更新を必要とする電気設備において、メーカーから保守部品の供給停止予告を受けた。このような状況において、この電気設備の管理責任者として以下の問いに答えよ。　　　　　　　　　　　　　　　　　(練習)

(1) 電気設備を適切に維持していくために、技術者としての立場で多面的な観点から課題を抽出し分析せよ。

(2) 抽出した課題のうち最も重要と考える課題を1つ挙げ、その課題に対する複数の解決策を示せ。

(3) 解決策に共通して新たに生じるリスクとそれへの対策について述べよ。

　建築物と設備の寿命は大きく違いますので、建築物を快適に使用していくためには、電気設備を何度か更新していかなければなりません。場合によっては建築物の使用目的が変更される場合もありますので、リノベーションなどの方策も取られます。もちろん、更新には費用がかかりますので、維持管理費のコストダウンの視点も欠かせません。そういった経済性の面では、長期的な視点も忘れてはならないと考えます。

(4) 災　害

○　東日本大震災後、非常時にビジネスを復旧及び継続するための事業継続
　計画（BCP）が重視されている。大震災に対応したBCPを達成するために
　適切な電気設備を提案することを想定し、以下の問いに答えよ。

(H25－2)

　(1) 提案する電気設備について検討しなければならない事項を多面的に述
　　べよ。

　(2) 上述した検討すべき事項に対して、あなたが重要と考える技術的課題
　　を2つ選び、解決するための技術的提案を述べよ。

　(3) あなたの技術的提案がもたらす効果及び考慮すべき問題点を具体的に
　　述べよ。

○　我が国では、東日本大震災（平成23年3月）、関東・東北豪雨（平成27
　年9月）、熊本地震（平成28年4月）、糸魚川市大規模火災（平成28年12月）
　など数多くの災害が発生し、甚大な被害を被っている。このような状況の
　中、自治体においては「災害に強いまちづくり」の計画が進められている。
　このような背景を踏まえ、あなたが「災害に強いまちづくり」を基本に施
　設の電気設備を設計・改良する計画に、電気設備の責任者として参画する
　として、以下の問いに答えよ。　　　　　　　　　　　　　　　（練習）

　(1)「災害に強いまちづくり」を支える電気設備を構築するために、技術
　　者としての立場で多面的な観点から課題を抽出し分析せよ。

　(2) 抽出した課題のうち最も重要と考える課題を1つ挙げ、その課題に対
　　する複数の解決策を示せ。

　(3) 解決策に共通して新たに生じるリスクとそれへの対策について述べ
　　よ。

○　東日本大震災では大地震、大津波などが発生し大規模な停電も発生した。
　今後も大規模な震災が発生する恐れが指摘されている。そういった状況を
　考慮して、電気設備分野の技術者として、以下の問いに答えよ。（練習）

　(1) 大震災に対して強化対策を講じるために、技術者としての立場で多面
　　的な観点から課題を抽出し分析せよ。

　(2) 抽出した課題のうち最も重要と考える課題を1つ挙げ、その課題に対

する複数の解決策を示せ。

(3) 解決策に共通して新たに生じうるリスクとそれへの対策について述べ
　　よ。

　災害に対する問題の出題は、電気設備ではこれまで少ないのですが、技術士
第二次試験では多くの技術部門・選択科目で出題されている内容です。そのた
め、いくつかの例題を作成しましたので、一度しっかり勉強してもらいたいと
考えます。

第5章

必須科目（Ⅰ）の要点と対策

　必須科目（Ⅰ）は、令和元年度試験から記述式の問題が出題されるようになり、『「技術部門」全般にわたる専門知識、応用能力、問題解決能力及び課題遂行能力』を試す問題が出題されています。

　出題内容としては、『現代社会が抱えている様々な問題について、「技術部門」全般に関わる基礎的なエンジニアリング問題としての観点から、多面的に課題を抽出して、その解決方法を提示し遂行していくための提案を問う。』とされています。

　評価項目としては、『技術士に求められる資質能力（コンピテンシー）のうち、専門的学識、問題解決、評価、技術者倫理、コミュニケーションの各項目』となっています。

　必須科目（Ⅰ）で出題された過去問題は、令和元年度試験に出題された2問しかありませんが、最近のトピックスから推察すると、SDGs（持続可能な開発目標）、少子高齢化、地球環境問題、エネルギー、災害、品質・信頼性、安全・安心、情報化、資源、社会資本の維持管理などの内容が今後出題される可能性があると想定しています。なお、解答する答案用紙枚数は3枚（1,800字以内）です。

　なお、本章で示す問題文末尾の（　）内に示した内容は、R1－1が令和元年度試験の問題の1番を示し、（練習）は著者が作成した練習問題を示します。

1．SDGs（持続可能な開発目標）

○　我が国では、2015年に国連で採択されたSDGs（17の持続可能な開発目標）を基に、持続可能な取組の導入が奨励されている。電気電子分野においても、多様な取組が行われているが、大規模システムや複合的な機器などの技術開発で、当初の意図に反して、様々な弊害が発生している。また、当初の意図そのものに問題がある場合も少なくない。このようなアンバランスな状況下で、開発・生産と利用・消費との関係性における持続可能なバランスの確保について、広範囲に数多くの目標が議論されている。

（R1－1）

(1) 電気電子分野のシステム・機器における「開発・生産と利用・消費との関係性における持続可能なバランスの確保」の考え方に基づき、技術者としての立場で多面的な観点から課題を抽出し分析せよ。解答は、上記の関係性の観点を明記した上で、それぞれの課題について説明すること。

(2) (1)で抽出した課題の中から最も重要と考える課題を1つ挙げ、その課題の解決策を3つ示せ。

(3) 上記すべての解決策を実行した上での新たな波及効果、及び懸念事項とそれへの対策について、専門技術を踏まえた考えを示せ。

(4) (1)～(3)の業務遂行に当たり、技術者としての倫理、社会の保全の観点から必要となる要件・留意点を述べよ。

　SDGsでは、図表5.1に示す17の目標が示されていますので、電気電子分野で関係しそうな目標については、最近の動向を調査しておく必要があります。SDGsは、今後も小設問を変えて出題される可能性がある項目だと考えます。

図表5.1　SDGsの17の目標

目　標	詳　細
1.　貧困	あらゆる場所のあらゆる形態の貧困を終わらせる。
2.　飢餓	飢餓を終わらせ、食料安全保障及び栄養改善を実現し、持続可能な農業を促進する。
3.　保健	あらゆる年齢のすべての人々の健康的な生活を確保し、福祉を促進する。
4.　教育	すべての人に包摂的かつ公正な質の高い教育を確保し、生涯学習の機会を促進する。
5.　ジェンダー	ジェンダー平等を達成し、すべての女性及び女児の能力強化を行う。
6.　水・衛生	すべての人々の水と衛生の利用可能性と持続可能な管理を確保する。
7.　エネルギー	すべての人々の、安価かつ信頼できる持続可能な近代的エネルギーへのアクセスを確保する。
8.　経済成長と雇用	包摂的かつ持続可能な経済成長及びすべての人々の完全かつ生産的な雇用と働きがいのある人間らしい雇用（ディーセント・ワーク）を促進する。
9.　インフラ、産業化、イノベーション	強靭（レジリエント）なインフラ構築、包摂的かつ持続可能な産業化の促進及びイノベーションの推進を図る。
10.　不平等	各国内及び各国間の不平等を是正する。
11.　持続可能な都市	包摂的で安全かつ強靭（レジリエント）で持続可能な都市及び人間居住を実現する。
12.　持続可能な生産と消費	持続可能な生産消費形態を確保する。
13.　気候変動	気候変動及びその影響を軽減するための緊急対策を講じる。
14.　海洋資源	持続可能な開発のために海洋・海洋資源を保全し、持続可能な形で利用する。
15.　陸上資源	陸域生態系の保護、回復、持続可能な利用の推進、持続可能な森林の経営、砂漠化への対処ならびに土地の劣化の阻止・回復及び生物多様性の損失を阻止する。
16.　平和	持続可能な開発のための平和で包摂的な社会を促進し、すべての人々に司法へのアクセスを提供し、あらゆるレベルにおいて効果的で説明責任のある包摂的な制度を構築する。
17.　実施手段	持続可能な開発のための実施手段を強化し、グローバル・パートナーシップを活性化する。

出典：外務省ホームページ

　なお、SDGsの優先課題として**図表5.2**の内容が示されていますので、具体的な施策内容からも検討しておくとよいでしょう。

図表5.2　SDGsの優先課題と具体的施策

優先課題	具体的施策
①あらゆる人々の活躍の推進	一億総活躍社会の実現、女性活躍の推進、子供の貧困対策、障害者の自立と社会参加支援、教育の充実
②健康・長寿の達成	薬剤耐性対策、途上国の感染症対策や保健システム強化、公衆衛生危機への対応、アジアの高齢化への対応
③成長市場の創出、地域活性化、科学技術イノベーション	有望市場の創出、農山漁村の振興、生産性向上、科学技術イノベーション、持続可能な都市
④持続可能で強靭な国土と質の高いインフラの整備	国土強靭化の推進・防災、水資源開発・水循環の取組、質の高いインフラ投資の推進
⑤省・再生可能エネルギー、気候変動対策、循環型社会	省・再生可能エネルギーの導入・国際展開の推進、気候変動対策、循環型社会の構築
⑥生物多様性、森林、海洋等の環境の保全	環境汚染への対応、生物多様性の保全、持続可能な森林・海洋・陸上資源
⑦平和と安全・安心社会の実現	組織犯罪・人身取引・児童虐待等の対策推進、平和構築・復興支援、法の支配の促進
⑧SDGs 実施推進の体制と手段	マルチステークホルダーパートナーシップ、国際協力におけるSDGsの主流化、途上国のSDGs実施体制支援

出典：外務省ホームページ

2. 少子高齢化

○　我が国の人口は、2008年をピークに減少に転じており、2050年には1億人を下回るとも言われる人口減少時代を迎えている。人口が減少する中で、電気電子技術は社会において重要な役割を果たすものと期待され、その能力を最大限に引き出すことのできる社会・経済システムを構築していくことが求められる。　　　　　　　　　　　　　　　　　　　　　　　　（R1－2）

(1) 人口減少時代における課題を、技術者として多面的な観点から抽出し分析せよ。解答は、抽出、分析したときの観点を明記した上で、それぞれの課題について説明すること。

(2) (1)で抽出した課題の中から電気電子技術に関連して最も重要と考える課題を1つ挙げ、その課題の解決策を3つ示せ。

(3) その上で、解決策に共通して新たに生じるリスクとそれへの対策について、専門技術を踏まえた考えを示せ。

(4) (1)～(3)の業務遂行において必要な要件を、技術者としての倫理、社会の持続可能性の観点から述べよ。

　我が国の高齢化率は、2036年には33.3％にまで達すると予想されており、2065年には38.4％になると想定されています。一方、出生数は減少を続けており、年少（0～14歳）人口は2056年に1,000万人を割り2065年には898万人にまで減少すると想定されています。その結果、生産年齢（15～64歳）人口は、2013年に8,000万人を割っており、2055年には5,028万人になると推計されています。そのため、1950年には高齢者1人に対して12.1人の生産年齢人口があったのに対して、2015年には2.3人となり、2065年には1.3人にまで激減すると考えられています。なお、人口の方は、2010年時点で1億2,806万人であり、2030年には1億2,000万人を下回ると推定されており、その後も減少していく

と予想されています。こういった背景を考慮して、電気電子分野において、どういった対応策を考えなければならないかを検討しておく必要があります。

3. 地球環境問題

○　我が国は、温室効果ガス削減の目標として、2030年までに2013年比で26％削減するとしている。このため、あらゆる施設において温室効果ガス削減の対策が求められている。このことを踏まえて以下の問いに答えよ。

（練習）

(1) あなたの専門分野における省エネ等の温室効果ガス削減対策の現状について述べるとともに、技術者としての立場で多面的な観点から課題を抽出し分析せよ。

(2) 抽出した課題のうち最も重要と考える課題を1つ挙げ、その課題に対する複数の解決策を示せ。

(3) 解決策に共通して新たに生じるリスクとそれへの対策について述べよ。

(4) 上記事項を業務として遂行するに当たり、技術者としての倫理、社会の持続可能性の観点から必要となる要件・留意点を述べよ。

地球温暖化に関しては、2015年12月の気候変動枠組条約第21回締約国会議（COP21）で採択されたパリ協定がありますが、パリ協定は地球温暖化対策の国際的な枠組みを定めた協定で、次のような要素が盛り込まれています。

① 世界共通の長期目標として、2℃目標の設定と1.5℃に抑える努力を追求する

② 主要排出国を含むすべての国が削減目標を5年ごとに提出・更新する

③ 二国間クレジット制度を含めた市場メカニズムを活用する

④ 適応の長期目標を設定し、各国の適応計画プロセスや行動を実施するとともに、適応報告書を提出・定期更新する

⑤ 先進国が資金を継続して提供するだけでなく、途上国も自主的に資金を提供する

⑥　すべての国が共通かつ柔軟な方法で実施状況を報告し、レビューを受ける

⑦　5年ごとに世界全体の実施状況を確認する仕組みを設ける

　この要素を理解して、今後、電気電子分野において取るべき対策を検討しておく必要があります。

4. エネルギー

○　我が国ではエネルギー源の多様化や安定供給等の観点から、化石燃料や原子力によるエネルギーを代替するさまざまな種類の再生可能エネルギーが導入され、今後もこの分野への投資額は増加傾向にある。あなたがエネルギー供給事業者または自社事業所に新規に再生可能エネルギーによる発電設備の事業計画を立案するに当たり、電気電子工学的な視点から以下の問いに答えよ。　　　　　　　　　　　　　　　　　　　　（練習）

(1) 技術者としての立場で多面的な観点から課題を抽出し分析せよ。

(2) 抽出した課題のうち最も重要と考える課題を1つ挙げ、その課題に対する複数の解決策を示せ。

(3) 解決策に共通して新たに生じうるリスクとそれへの対策について述べよ。

(4) 業務遂行において必要な要件を技術者としての倫理、社会の持続可能性の観点から述べよ。

平成30年7月には「第五次エネルギー基本計画」が閣議決定されました。そこでは、第四次エネルギー基本計画と同様に、エネルギー政策の基本的視点として、次の「3E＋S」を掲げています。

① 　安全最優先（Safety）

② 　資源自給率（Energy security）

③ 　環境適合（Environment）

④ 　国民負担抑制（Economic efficiency）

一方、具体的には電源のベストミックスについて議論がなされており、長期エネルギー需給見通しでは、2030年度の日本の電源構成は、**図表5.3**のような

目標になっています。

図表5.3　2030年度の電源構成

電　源	比　率
再生可能エネルギー	22〜24％程度
原子力	20〜22％程度
LNG 火力	27％程度
石炭火力	26％程度
石油火力	3％程度

出典：資源エネルギー庁

　エネルギー資源が少ない我が国では、安定かつ信頼性の高い電源を使って、効率的かつ効果的な社会の構築が求められています。そのために電気電子分野で検討すべき内容は非常に多いといえます。

5. 災　害

○　我が国は、暴風、豪雨、豪雪、洪水、高潮、地震、津波、噴火その他の異常な自然現象に起因する自然災害に繰り返しさいなまれてきた。自然災害への対策については、南海トラフ地震、首都直下地震等が遠くない将来に発生する可能性が高まっていることや、気候変動の影響等により水災害、土砂災害が多発していることから、その重要性がますます高まっている。

こうした状況下で、「強さ」と「しなやかさ」を持った安全・安心な国土・地域・経済社会の構築に向けた「国土強靱化」（ナショナル・レジリエンス）を推進していく必要があることを踏まえて、以下の問いに答えよ。

(練習)

(1) ハード整備の想定を超える大規模な自然災害に対して安全・安心な国土・地域・経済社会を構築するために、技術者としての立場で多面的な観点から課題を抽出し分析せよ。

(2) (1)で抽出した課題のうち最も重要と考える課題を1つ挙げ、その課題に対する複数の解決策を示せ。

(3) (2)で提示した解決策に共通して新たに生じうるリスクとそれへの対策について述べよ。

(4) (1)～(3)を業務として遂行するに当たり必要となる要件を、技術者としての倫理、社会の持続可能性の観点から述べよ。

最近では、世界各地で地震や洪水などの自然災害の発生も増えており、災害への対策が強く求められるようになってきています。特に我が国は、災害が起きやすい地質や地形になっていますので、さまざまな視点での検討が必要となります。さらに、東日本大震災の被害を目の当たりにした我が国は、自然の持つ圧倒的な力に対して、社会やシステム、インフラストラクチャの脆弱性を強

173

く認識しました。特に、住宅、学校、病院についての耐震化を早急に図る必要があります。そのため、我が国の緊急対策の方針として、次の8点が挙げられています。

① 耐震改修を促進する制度（計画的促進、規制見直し等）

② 耐震化の重点実施（密集市街地、緊急輸送道路沿い）

③ 専門家等の技術向上（講習会開催、簡易工法開発推進等）

④ 費用負担の軽減（補助制度活用、税制度整備検討）

⑤ 安全な資産が評価されるしくみ（地震保険料の割引等）

⑥ 所有者等への普及啓発（ハザードマップ整備等）

⑦ 総合的な対策（敷地、窓ガラス、天井、エレベーター等）

⑧ 家具の転倒防止（固定方法の周知、普及啓発等）

こういった状況を考慮して、これから発生する可能性があるさまざまな自然災害に対して、電気電子分野で検討すべき事項を考察しておく必要があります。

6. 品質・信頼性

○　近年明らかになった品質データの改ざんは、これまで高く評価されてきた日本製品への信頼を揺るがしかねない重大な問題である。政府は「製造業の品質保証体制の強化に向けて」をとりまとめ、製造業における自主検査の徹底や信頼性の高い品質保証システムの構築を推進している。一方で、データの改ざんが行われる背景の1つとして、品質よりコストを優先させる企業風土が挙げられている。

　　上記のような状況を踏まえて、以下の問いに答えよ。　　　　（練習）

(1) 電気電子製品・システムの製造や設計におけるコストと品質の両立に関して、技術者としての立場で多面的な観点から課題を抽出し分析せよ。

(2) そのうち最も重要と考える課題を1つ挙げ、その課題に対する複数の解決策を示せ。

(3) 解決策に共通して新たに生じうるリスクとそれへの対策について述べよ。

(4) 上記事項の業務遂行において必要な要件を、技術者としての倫理、社会の持続可能性の観点から述べよ。

　技術者は、さまざまな場面で、信頼性を損なわないように十分な配慮をしなければなりません。品質が損なわれた場合には、社会や公衆に大きな影響を及ぼしますので、社会的な責任問題ともなります。また、必須科目（Ｉ）の評価項目に「技術者倫理」が含まれていますので、その点でも出題しやすい項目といえます。品質や社会的責任に関しては、ISOでも下記のような規格を示しています。そういった内容を把握して、広い視点で解答ができるよう準備しておく必要があります。

①　ISO 9001：品質マネジメントシステム

②　ISO 26000：社会的責任に関する手引き

7．安全・安心

○　最近では、電気電子技術を用いた大規模システムや複合的な機器等には、従来にも増して高い信頼性や安全性が求められている。安全・安心な社会の実現に向けて、これらが何らかの外乱や異常によって故障した場合でも、安全側に機能する、あるいは全体が機能停止することなく動作し続けることを担保するための「安全設計の考え方」について、以下の問いに答えよ。

（練習）

(1)　電気電子分野のシステム・機器の利用や運用時における安全を確保するための考え方に関して、技術者としての立場で多面的な観点から課題を抽出し分析せよ。

(2)　(1) で抽出した課題の中から最も重要と考える課題を1つ挙げ、その課題の解決策を3つ示せ。

(3)　上記すべての解決策を実行した上での新たな波及効果、及び懸念事項とそれへの対策について、専門技術を踏まえた考えを示せ。

(4)　(1) ～ (3) の業務遂行に当たり、技術者としての倫理、社会の保全の観点から必要となる要件・留意点を述べよ。

　最近では、技術が複雑化しているだけではなく、運用上でソフトウェアが関与するシステムが多くあるため、情報セキュリティの視点でも、利用者の安全や安心を損なう問題が発生してきています。高度な技術により、快適で良好な生活環境が実現されることは技術者の目指す目標ですが、そこにさまざまな脅威が作用してくることを考慮して、技術者は検討を行う必要がある点を十分に理解して準備を行う必要があります。

8. 情 報 化

○　AIやIoT等のデジタル技術の活用は、産業界において新たな付加価値を創出するとともに、生産性向上やコスト削減をもたらし、今後の経済成長の原動力になると期待されている。電気電子分野においても、デジタル技術の活用に向けた取組が始まっている。　　　　　　　　　（練習）

(1) 我が国の電気電子分野におけるデジタル技術の活用に関して、技術者としての立場で多面的な観点から課題を抽出し分析せよ。

(2) 抽出した課題のうち最も重要と考える課題を1つ挙げ、その課題に対する複数の解決策を示せ。

(3) 解決策に共通して新たに生じうるリスクとそれへの対策について述べよ。

(4) 上記事項を業務として遂行するに当たり、技術者としての倫理、社会の持続可能性の観点から必要となる要件・留意点を述べよ。

AI：Artificial Intelligence、IoT：Internet of Things

最近では、多様なIoTサービスを創出するために、膨大な数のIoT機器を迅速かつ効率的に接続する技術や異なる無線規格の機器や複数のサービスをまとめて効率的かつ安全にネットワークに接続・収容する技術等の共通基盤技術の確立および国際標準化への取組を強化しています。また、人工知能技術に関しては、関係各省庁でさまざまな研究・開発が行われています。総務省では、脳活動分析技術を用いて、人の感性を客観的に評価するシステムの開発を実施しており、自然言語処理、データマイニング、辞書・知識ベースの構築等の研究開発を実施しています。このような状況に対して、文部科学省では、次のような研究課題に対する支援を行っています。

①　深層学習の原理解明や汎用的な機械学習の新たな基盤技術の構築

② 再生医療、モノづくりなどの日本が強みを持つ分野をさらに発展させ、高齢者ヘルスケア、防災・減災、インフラの保守・管理技術などの我が国の社会的課題を解決するための人工知能等の基盤技術を実装した解析システムの研究開発

③ 人工知能技術の普及に伴って生じる倫理的・法的・社会的問題に関する研究

一方、経済産業省では、次のような開発等に取り組んでいます。

ⓐ 脳型人工知能やデータ・知識融合型人工知能の先端研究

ⓑ 研究成果の早期橋渡しを可能とする人工知能フレームワーク・先進中核モジュールのツール開発

ⓒ 人工知能技術の有効性や信頼性を定量的に評価するための標準的評価手法等の開発

こういった背景を踏まえて、電気電子分野の技術者として検討すべき内容を整理しておく必要があります。

9. 資　源

○　電気電子製品の原料として使用されている鉱物等の資源は、世界的規模
　　での需要の増加を受け、価格の高騰や資源枯渇などの問題を抱えており、
　　また、資源の偏在に伴う地政学リスクが指摘されている。これからも電気
　　電子産業が発展を続けるためには、これらの課題を解決する必要があり、
　　電気電子分野の技術者が果たす役割は大きい。このような状況を踏まえ、
　　以下の問いに答えよ。　　　　　　　　　　　　　　　　　　　（練習）

　(1) これからも電気電子産業が発展を続けるために検討すべき課題を、技
　　　術者としての立場で多面的な観点から3つ抽出し、分析せよ。
　(2) 抽出した課題のうち、最も重要と考える課題を1つ挙げて、その課題
　　　に対する複数の解決策を示せ。
　(3) 解決策に関連して新たに生じるリスクとその対策について述べよ。
　(4) (1) ～ (3) の業務遂行において必要な要件を、技術者としての倫理、
　　　社会の持続可能性の観点から述べよ。

　これまでは、天然資源を潤沢に使うという前提で経済が回っていたといえま
す。しかし、世界的規模での資源需要の増加を受け、資源価格が高騰しており、
これからは、「天然資源を限りあるものとして循環して使っていく」という考え
方が重要となってきています。そのため、設計の考え方もライフサイクル全体
で環境へ配慮した設計をするDfE（Design for Environment）を条件として、
省資源型のモノづくりを計画していかなければなりません。また、資源の中で
も枯渇や価格の高騰が問題になっているものとして、レアメタルがあります。
レアメタルは個々の材料や製品への使用量は少ないのですが、それぞれの中で
は重要な特質を導き出すために不可欠な素材となっており、産業のビタミンと
も呼ばれています。しかも、多くのレアメタルが中国やロシアで産出されるた

めに、政策的に輸出を制限されると、日本の産業にも大きな影響を及ぼすように
なっています。なお、使用期間が比較的短い携帯電話などの情報機器にレア
メタルは広く使われていますので、今後は使用された製品からレアメタルを回
収する技術と、それを可能とする社会制度の充実も欠かせません。そういった
社会背景を理解したうえで、解答を作成できるよう、日々の情報収集と社会情
勢の把握が必要となります。

10. 社会資本の維持管理

○　電気電子分野の中には、エネルギーや通信などのように、我が国の生活
　基盤を支える社会資本として重要な役割を果たしているものも多いが、我
　が国の社会資本は、戦後の高度経済成長とともに着実に整備され、膨大な
　量の社会資本ストックが形成されてきた。しかしながら、これらの社会資
　本は老朽・劣化が進行しつつあり、今後、社会資本の高齢化が急速に進行
　する事態に直面することになる。

　　一方、我が国の経済社会は、人口減少や少子高齢化の進展に加え、厳し
　い財政状況にあることから、社会資本への投資額が抑えられる状況が続い
　ており、かつてのような右肩上がりの投資を期待することは困難である。

　　上記のような状況を踏まえ、以下の問いに答えよ。　　　　　（練習）

(1) 電気電子分野に関して、健康で快適な生活を維持していくために、今
　　後の社会資本の在り方について、技術者としての立場で多面的な観点か
　　ら課題を抽出して分析せよ。

(2) 抽出した課題のうち最も重要と考える課題を1つ挙げ、その理由を述
　　べるとともに、その課題に対する複数の解決策を示せ。

(3) 解決策に共通して新たに生じうるリスクとそれへの対策について述べ
　　よ。

(4) 業務遂行において必要な要件を技術者としての倫理、社会の持続可能
　　性の観点から述べよ。

　電力分野においては、分散型電源の導入が進められていますが、それに対し
て送電線網の整備は費用負担の面で追従できていません。また、過去に整備し
た送電線の老朽化も進んでおり、効果的かつ効率的な再整備が求められていま
す。一方、技術進歩が速い通信分野においては、新しい通信技術に対応した整

備が必要で費用負担の面で大きな課題を抱えています。さらに、災害時や災害後の社会資本の復旧についても関心は高まっており、電気電子分野における社会資本の整備や維持管理についての問題は、今後も出題される可能性が高いと考えられます。そのため、広い観点からの検討や俯瞰的な観点から意見が述べられるような勉強をすることが求められます。

第6章

解 答 例

　これまで過去問題と練習問題を100問余見てもらいましたが、ただ問題を見ているだけで解答が書けるようにはなりません。そのために、すべての問題を項目立てして問題の内容を理解してもらったわけですが、やはり実際に解答を書いてみることも大切です。そこで、この章では、いくつかの解答例を示します。紙面の関係上、すべての選択科目の解答例は示せませんが、大事な点は、試験委員に読みやすい解答を作成できるかどうかです。ですから、ここで示す解答例の内容よりも、文章の展開方法や説明方法を参考にしてもらいたいと思います。そういった点では、自分が受験する選択科目以外の問題の内容を読んでもらうと、より一層理解しやすい文章の書き方が理解できると思います。

　なお、技術士第二次試験では、1行24文字の答案用紙形式を用いています。解答練習する際には、次ページに掲載した答案用紙をA5からA4に拡大して使ってください。

技術士第二次試験答案用紙例

受験番号		技術部門		部門	※
問題番号		選択科目			
答案使用枚数		専門とする事項			

○受験番号、問題番号、答案使用枚数、技術部門、選択科目及び専門とする事項の欄は必ず記入すること。
○解答欄の記入は、1マスにつき1文字とすること。(英数字及び図表を除く。)

●裏面は使用しないで下さい。　●裏面に記載された解答は無効とします。　　　　　24字×25行

1. 選択科目（Ⅱ－1）の解答例

(1) 電力・エネルギーシステム

○　配電の無電柱化が推進されている目的を述べ、重要と思われる課題を
　　3つ挙げ、そのうちの1つについて対策を説明せよ。　　　　　　　　（R1－3）

令和元年度　技術士第二次試験答案用紙

受験番号	0 4 0 1 B 0 0 X X	技術部門	電気電子　　部門	※
問題番号	Ⅱ－1－3	選択科目	電力・エネルギーシステム	
答案使用枚数	1 枚目　1 枚中	専門とする事項	送電設備	

○受験番号、問題番号、答案使用枚数、技術部門、選択科目及び専門とする事項の欄は必ず記入すること。
○解答欄の記入は、1マスにつき1文字とすること。（英数字及び図表を除く。）

1．無電柱化推進の目的
　　我が国の無電柱化は国際的に遅れているが、無電柱
化の目的としては、次のようなものがある。
　　①景観が良くなる
　　②道幅が広がり障がい者にも優しい道路となる
　　③電柱倒壊の事故や倒壊時の停電がなくなる
　　④災害時に転倒した電柱での交通障害が避けられる
　　⑤交通事故が減少できる
2．重要と思われる3つの課題
　　無電柱化の実現には次のような課題がある。
　　①無電柱化するための費用が高い
　　②道路を利用する複数の事業者の協力が得にくい
　　③工期が長くかかり地域の利便性が損なわれる
3．費用低減の対策
　　配電線を地中化する場合には、電柱による架空線の
10倍程度の費用がかかるのが一般的である。その費用
を1事業者だけで負担するのは難しいので、定期的な
道路補修時などに使用される道路管理者の予算を活用
して行う。また、電柱や道路下を利用する複数の事業
者が共同で計画することにより、費用分担を図るとと
もに、無電柱化を要請している関係者からも費用を負
担してもらうことにより、1事業者当たりの負担額を
軽減していく。さらに、低コストの地中化工法がいく
つかある。その地域にあった低コスト工法を検討
することで、コストの低減を図っていく。　　　　以上

●裏面は使用しないで下さい。　　●裏面に記載された解答は無効とします。　　24字×25行

(2) 電気応用

○ ヒートポンプについて、原理と特徴を説明せよ。また、代表的な応用例
　であるエアコンについて概要を説明せよ。　　　　　　　　　　(R1－4)

令和元年度　技術士第二次試験答案用紙

受験番号	0 4 0 2 B 0 0 X X	技術部門	電気電子 部門	※
問題番号	Ⅱ－1－4	選択科目	電気応用	
答案使用枚数	1 枚目　1 枚中	専門とする事項	電気機器	

○受験番号、問題番号、答案使用枚数、技術部門、選択科目及び専門とする事項の欄は必ず記入すること。
○解答欄の記入は、1マスにつき1文字とすること。(英数字及び図表を除く。)

1．ヒートポンプの原理と特徴
　ヒートポンプの原理は、冷凍サイクルと同じである。低温部から高温部へ熱を汲み上げる例を図で示すと、図1のようになる。①の蒸発工程では外部より熱を奪い、②の圧縮工程では圧縮が行われる。その後、③の凝縮工程で熱を外部に放出し、④の膨張工程で減圧される。

図1　基本サイクル

　その後は①に戻って、連続的に繰り返される。ヒートポンプへの入力は、気体を圧縮する動力に使われるだけであるので、効果対エネルギー比である成績係数(COP)は1よりも大きくなる。
2．ヒートポンプエアコンの概要
　ヒートポンプエアコンは、図1に示す基本サイクルを行い、屋外の熱を吸い上げて屋内を温める。冷房運転の場合には、暖房とは逆サイクルを行い、屋内の熱を屋外に排出する。室外機には圧縮機と凝縮器、室内機には膨張弁と蒸発器が内蔵されている。　　　以上

●裏面は使用しないで下さい。　●裏面に記載された解答は無効とします。　　　24字×25行

（3）電子応用

○　非破壊検査手法の1つである超音波探傷試験は、検出対象の有無・その存在位置・大きさ・形状などを調べる検査技術である。超音波探傷試験の原理を示し、その特徴を3つ述べよ。　　　　　　　　　　（R1−3）

令和元年度　技術士第二次試験答案用紙

受験番号	0403B00XX	技術部門	電気電子　部門	※
問題番号	Ⅱ−1−3	選択科目	電子応用	
答案使用枚数	1枚目　1枚中	専門とする事項	計測・制御全般	

○受験番号、問題番号、答案使用枚数、技術部門、選択科目及び専門とする事項の欄は必ず記入すること。
○解答欄の記入は、1マスにつき1文字とすること。（英数字及び図表を除く。）

1．超音波とは
　超音波とは、周波数が可聴周波領域（20 kHz）を超える弾性波をいい、次のような特徴がある。
①物質と物質の境界で一部が反射する
②伝わる物質により速度が異なる
2．超音波探傷試験の原理
　超音波探傷器は、探触子から発信した超音波が、検査対象物の内部の傷や反対面で反射して戻ってくる時間と強さを測定し、内部の状態を計測する。なお、超音波探傷試験では、周波数が500 kHz〜10 MHzの縦波と横波の両方が使用されている。
3．超音波探傷試験の特徴
　超音波探傷試験には次のような特徴がある。
（1）欠陥の形状検出の特徴
　超音波探傷試験では、内部にある面状の欠陥に対しての検出は容易であるが、球状の欠陥に関しては検出能力が低い。
（2）測定方法の特徴
　超音波探傷試験は、試験片の片側に測定器をおいての探傷が可能であるが、試験片の表面形状の影響を受けやすい。
（3）対象物形状の特徴
　超音波探傷試験は、薄板の探傷には向いていないが、試験材が微細な金属組織であれば超音波が遠くまで到達するので、厚板の内部の探傷も可能である。以上

●裏面は使用しないで下さい。　●裏面に記載された解答は無効とします。　　　　24字×25行

187

(4) 情報通信

○ ISM（Industrial, Scientific and Medical）周波数帯について説明し、その周波数帯を使った通信の利点と欠点について述べよ。さらに我が国で使われているISM周波数帯を2つ挙げて、その用途について説明せよ。

（R1－1）

令和元年度　技術士第二次試験答案用紙

受験番号	0 4 0 4 B 0 0 X X	技術部門	電気電子 部門	※
問題番号	Ⅱ－1－1	選択科目	情報通信	
答案使用枚数	1 枚目　1 枚中	専門とする事項	無 線	

○受験番号、問題番号、答案使用枚数、技術部門、選択科目及び専門とする事項の欄は必ず記入すること。
○解答欄の記入は、1マスにつき1文字とすること。（英数字及び図表を除く。）

1．ISM周波数帯を使った通信の利点と欠点
　ISM周波数帯とは、産業科学医療用バンドの意味で、医療装置やアマチュア無線、電子レンジなどに割り当てられた周波数帯である。日本国内では、2.4GHz帯、5.7GHz帯、920MHz帯が割り当てられている。免許不要で利用が可能であるが、多くの利用者が共同利用するため、干渉が頻繁に起こる危険性がある。
2．2.4GHz帯の用途
　2.4GHz帯は、大容量で高速な通信が行えるが、電波の直進性が強いために、近距離の通信に用いられている。具体的には、無線LAN規格のIEEE802.11bやIEEE802.11gに用いられている他に、スマートフォンとイヤホン間などに使われているBluetoothやコードレス電話等に用いられている。
3．920MHz帯の用途
　920MHz帯は、電波の回り込みが良く、障害物があっても長距離通信が可能であるが、大容量で高速な通信には利用できない。そのため、無線機に備え付けられたセンサを中継器として利用して、広範囲におよぶ通信を可能とするマルチホップ通信に用いられている。具体的には、スマートメーターとHEMS（Home Energy Management System）間の通信や、HEMSコントローラと家電機器間などの通信に用いられている。また、IoT（Internet of Things）やセンサネットワークなどへの利用も期待されている。　　　　　　　　　　　以上

●裏面は使用しないで下さい。　●裏面に記載された解答は無効とします。　　　24字×25行

(5) 電気設備

○ 無線通信技術の1つであるLPWA（Low Power Wide Area）方式について、その概要と特徴を述べよ。また、LPWAの活用例を2つ挙げ説明せよ。 (R1－4)

令和元年度　技術士第二次試験答案用紙

受験番号	0 4 0 5 B 0 0 X X	技術部門	電気電子 部門	※
問題番号	Ⅱ－1－4	選択科目	電気設備	
答案使用枚数	1 枚目 1 枚中	専門とする事項	建築電気設備	

○受験番号、問題番号、答案使用枚数、技術部門、選択科目及び専門とする事項の欄は必ず記入すること。
○解答欄の記入は、1マスにつき1文字とすること。（英数字及び図表を除く。）

1．LPWA方式の概要と特徴
　LPWAは、その名称のとおり、低消費電力でキロメートル単位の広い領域を対象にできる無線通信技術の総称である。無線通信規格にはいろいろな方式があるが、大きく分けると無線免許が必要なものと不要なものがある。
　特徴としては、LPWAの通信速度は数kbps～数百kbps程度と、携帯電話などと比べると低速であるが、一般的な電池を用いた場合でも、数年から数十年にわたって運用が可能なほど省電力である。また、数kmから数十kmもの長距離通信も可能となっている。さらに、ハードウェアコストが安く、接続コストも安いという特長をもっている。
2．LPWAの活用例1
　ハードウェアコストと接続コストが安く広域の通信が可能という点から、ガスや水道などのメータのデータ収集や、機器や建設機械等の状態監視や盗難防止などのIoT（Internet of Things）ニーズへの活用が広く行われている。
3．LPWAの活用例2
　免許が不要で広域性を持っているLPWAは、山奥の採掘現場等のモニタリングや、農場や牧場などの遠隔監視に用いられている。また、都市部から離れた自然環境が豊かなエリアの長期的な変化を記録していくような用途にも適している。　　　　　　　　　　　以上

●裏面は使用しないで下さい。　●裏面に記載された解答は無効とします。　　　24字×25行

2. 選択科目（Ⅱ－2）の解答例

（1）電気応用

○ ハイブリッド自動車及び電気自動車の設計プロジェクトに車載蓄電池シ
ステムの責任者として参画することになった。車載蓄電池システムを設計
するに当たり、下記の内容について記述せよ。　　　　　　　　（R1－2）

(1) 各種蓄電池の現状や開発状況を踏まえ、調査、検討すべき事項とその
内容について説明せよ。

(2) 業務を進める手順について、留意すべき点、工夫を要する点を含めて
述べよ。

(3) 業務を効率的・効果的に進めるために関係者との調整方策について述
べよ。

令和元年度　技術士第二次試験答案用紙

受験番号	0 4 0 2 B 0 0 X X	技術部門	電気電子 部門	※
問題番号	Ⅱ－2－2	選択科目	電気応用	
答案使用枚数	1 枚目　2 枚中	専門とする事項	電動力応用	

○受験番号、問題番号、答案使用枚数、技術部門、選択科目及び専門とする事項の欄は必ず記入すること。
○解答欄の記入は、1マスにつき1文字とすること。（英数字及び図表を除く。）

1．対象自動車の仕様で確認すべき点
　ハイブリッド自動車と電気自動車では、蓄電池の容量が大きく違うので、最初に確認しなければならない。また、ハイブリッド車でも、駆動方式によって蓄電池の容量が変わってくる。電気自動車においても、設計航続距離や車体重量等の条件で蓄電池容量は変わってくるので、詳細の設計条件を確認する必要がある。
　一方、使用する駆動用モータの容量や必要な加速度性能などの電力消費量に加え、車内に設置されるエアコンや音響装置などの電力負荷容量などについても確認する必要がある。
2．各種蓄電池で調査、検討すべき事項
　車載用の蓄電池として、いくつかの種類の蓄電池で開発が進められている。その中から、下記のような仕様に関して、調査を行い検討する必要がある。
①エネルギー密度（Wh／kg）
②サイクル寿命
③放電特性
④コスト（円／kWh）
⑤作動温度と温度特性
⑥使用する材料の確保（レアメタルの使用量等）
⑦メモリ効果の有無
⑧過充電・過放電への耐性
　なお、蓄電池は日々開発・改良が進んでいるので、将来計画も含めて製造者に確認する必要がある。

●裏面は使用しないで下さい。　●裏面に記載された解答は無効とします。　　　24字×25行

令和元年度　技術士第二次試験答案用紙

受験番号	0 4 0 2 B 0 0 X X	技術部門	電気電子　部門	※
問題番号	Ⅱ－2－2	選択科目	電気応用	
答案使用枚数	2 枚目　2 枚中	専門とする事項	電動力応用	

○受験番号、問題番号、答案使用枚数、技術部門、選択科目及び専門とする事項の欄は必ず記入すること。
○解答欄の記入は、1マスにつき1文字とすること。(英数字及び図表を除く。)

3．業務を進める手順
　蓄電池は外部から調達することになるが、通常の調達であれば、競争入札で調達先を決める場合が多い。しかし、共同開発する部分があるだけではなく、量産体制に入った場合に対応できるように、蓄電池製造ラインの増設も検討課題であるので、リスク負担を協議する必要がある。また、V2H（Vehicle to Home）のように車載電池から住宅に供給する使い方も想定して、バッテリマネジメントの観点からの検討も求められる。
4．業務を効率的・効果的に進めるための調整方策
　車載用電池の形状や重量は、車体の設計と密接な関係があり、蓄電池の配置場所によっては走行性能にも変化が生じるので、デザイン部門や構造部門、機械設計部門との密接な協議が必要となってくる。そのため、蓄電池メーカーの技術者の社内協議への参加や、自動車の基礎的な知識教育が効果的である。
　また、車載蓄電池の仕様は、充電器との関係も深いため、規格に則った設計が必要になってくる。そういった点から関係協議会との協議も行いながら、国際的な整合性を考慮した計画としなければならない。さらに、使用する蓄電池は、企業内の他の車種での使用を図ることで、価格を下げることもできる。さらに、系列各社を含めて、多くの車種で使用できるようになれば、さらに経済効果を高められるので、そういった関係各社との協議も積極的に行う必要がある。　　以上

●裏面は使用しないで下さい。　●裏面に記載された解答は無効とします。　　　24字×25行

(2) 電気設備

○ 特別高圧受変電設備を有する半導体工場の瞬低及び停電対策を実施する
ことになった。この業務を担当責任者として進めるに当たり、下記の内容
について記述せよ。　　　　　　　　　　　　　　　　　　　(R1－1)

(1) 調査、検討すべき事項とその内容について説明せよ。

(2) 業務を進める手順について、留意すべき点、工夫を要する点を含めて
述べよ。

(3) 業務を効率的、効果的に進めるための関係者との調整方策について述
べよ。

令和元年度　技術士第二次試験答案用紙

受験番号	0405B00XX	技術部門	電気電子 部門	※
問題番号	Ⅱ－2－1	選択科目	電気設備	
答案使用枚数	1枚目　2枚中	専門とする事項	工場電気設備	

○受験番号、問題番号、答案使用枚数、技術部門、選択科目及び専門とする事項の欄は必ず記入すること。
○解答欄の記入は、1マスにつき1文字とすること。（英数字及び図表を除く。）

1．半導体工場の停電による影響
　半導体工場で停電が起きて生産ラインが止まると、再稼働させて品質が安定するまでには数日から数週間かかる。そのため、瞬低や停電による経済的な損失は膨大なものとなる。それだけではなく、出荷停止が長期化すると、顧客の信頼を失い契約の継続が難しくなるという問題も生じる。
2．瞬低及び停電対策で調査、検討すべき事項
　特別高圧受変電設備を有する半導体工場であるので、規模は相当大きい。そのため、全体の設備に対して対策を行うことは不可能であるので、対策を行う負荷を対策を選定する必要がある。選定においては、大きく瞬低対策を行う負荷と、瞬低は許容するが一定の停電時間内に電力を供給する負荷に分ける必要がある。また、費用対効果の面から、再起動から数時間内に品質が安定するような製品を扱うラインに対しては、停電を許容するという判断も必要となる。そのため、Ⅰ最重要負荷、Ⅱ重要負荷、Ⅲ一般負荷というような負荷のレベル分けを検討し、実施する。
　そういった製品の特性面からの検討に加え、既設設備の配電系統の調査が必要となる。既設の配電設備は、上記の負荷レベルを考慮して作られていないので、負荷の電源品質レベルに合わせた配電網の再整備が必要となる。その場合には、ケーブルの新設や配電盤側での結線替えなどの対応を検討しなければならない。

●裏面は使用しないで下さい。　●裏面に記載された解答は無効とします。　　24字×25行

令和元年度　技術士第二次試験答案用紙

受験番号	0 4 0 5 B 0 0 X X	技術部門	電気電子 部門	※
問題番号	Ⅱ－2－1	選択科目	電気設備	
答案使用枚数	2 枚目 2 枚中	専門とする事項	工場電気設備	

○受験番号、問題番号、答案使用枚数、技術部門、選択科目及び専門とする事項の欄は必ず記入すること。
○解答欄の記入は、1マスにつき1文字とすること。(英数字及び図表を除く。)

3．業務を進める手順
　瞬低も許されない最重要負荷に対しては、無停電電源装置（UPS）からの供給を検討する必要がある。UPSの設置においても、給電方式や冗長化の方式によって電源品質が変わるので、その検討が必要である。
　瞬低は許容するが短期間で復電させる重要負荷に対しては、非常用発電機からの給電を検討する。そのためには、既存の非常用発電機の容量を調査するとともに、必要であれば追加の発電機容量を算定する。発電機容量が決まったら、その設置場所や燃料タンクの容量等についての検討が必要である。そのためには、バックアップする時間の決定等も必要となる。
4．業務を効率的、効果的に進めるための調整方策
　実際に更新及び新設工事を行うには長期間の工期が必要となるので、生産ラインを動かしながら、最短時間のライン停止で済むような工程を検討しなければならない。そのため、生産計画を管理している部門との調整を行い、販売量に影響が起きないように計画する。場合によっては、既設設備や空間配置等の変更も必要となるが、その影響が少なくなるように検討しなければならない。建物や電気設備に大きな変更が生じる場合には、関係機関への所定の届出も必要となる。実際の施工計画では、仮設設備による暫定的な運転や操業体制を検討しなければならない。生産工程を管理している部門との調整も必要となる。　　　　　　　以上

●裏面は使用しないで下さい。　●裏面に記載された解答は無効とします。　　　　　　24字×25行

3. 選択科目 (Ⅲ) の解答例

(1) 電子応用

○　我が国の農業の強みは、気候や土壌などの地域特性に対応した匠の技に支えられた多種多様で美味しい品目、品種、消費者ニーズに即した安全安心な農産物などである。しかし、現場では、依然として人手に頼る作業や熟練者でなければできない作業が多く、省力化、人手の確保、負担の軽減が必要であり、いわゆるスマート農業の推進により、新規就労者の確保や栽培技術力のスムーズな継承などが期待されている。

　上記を踏まえ、電子応用技術者として以下の問いに答えよ。(R1－2)

(1) 今後、スマート農業への取組が求められるとあなたが考える農業の具体例を挙げて、それぞれに対して、複数の観点から分析し、課題を抽出せよ。

(2) (1)で抽出した課題のうち最も重要と考える課題を1つ挙げ、電子応用技術者として、その課題の解決策を3つ示せ。

(3) (2)で示した解決策に共通して新たに生じうるリスクとそれへの対策について述べよ。

令和元年度　技術士第二次試験答案用紙

受験番号	0 4 0 3 B 0 0 X X	技術部門	電気電子 部門	※
問題番号	Ⅲ－2	選択科目	電子応用	
答案使用枚数	1 枚目　3 枚中	専門とする事項	遠隔制御	

○受験番号、問題番号、答案使用枚数、技術部門、選択科目及び専門とする事項の欄は必ず記入すること。
○解答欄の記入は、1マスにつき1文字とすること。（英数字及び図表を除く。）

1．スマート農業の具体例と課題
　農業生産を維持していくためには、培われた技術の継承や新たに導入すべき技術への対応が欠かせない。しかし、農産物の種類において違った課題がある。
（1）穀物農業・牧畜
　穀物農業や牧畜においては、広い農地や牧草地を耕したり、農産物や牧草を収穫したりするために、トラクターを使っても、一台一人での対応を行っていたのでは人件費がかかる。また、広い土地の一部の害虫被害状況や、生産物の生育状況の確認においては、十分な経験が必要となる。
（2）果実農業
　果実農業においては、果実の実り始めの時期の間引き作業や、収穫後の剪定作業が必要となる。その際に、いつ、どのような基準で、どの実や枝をどれだけ残すかという点については、経験値が大きな収穫差をもたらす。その技術を身につけるためには、長期間の実務経験が必要となる。
（3）野菜農業
　野菜農業においては、ハウス栽培が広く行われているが、ハウス栽培では、日照の量により、温度や湿度の管理、光合成による二酸化炭素の減少を補う対策などの点で、細やかな制御が必要である。しかし、そのノウハウの取得には長年の経験が必要であり、作業には人的な手間がかかる。

●裏面は使用しないで下さい。　●裏面に記載された解答は無効とします。　　　　24字×25行

令和元年度　技術士第二次試験答案用紙

受験番号	0 4 0 3 B 0 0 X X	技術部門	電気電子　部門	※
問題番号	Ⅲ－2	選択科目	電子応用	
答案使用枚数	2 枚目　3 枚中	専門とする事項	遠隔制御	

○受験番号、問題番号、答案使用枚数、技術部門、選択科目及び専門とする事項の欄は必ず記入すること。
○解答欄の記入は、1マスにつき1文字とすること。（英数字及び図表を除く。）

2．経験値の技術伝承の解決策
　農業における最も重要な課題は、経験値から導かれる判断や行う作業技術の伝承である。その解決のためには、次のような電子応用技術が活用できる。
(1) 環境測定技術
　農業は自然の中で行われ、作物等は周辺環境によって生育が大きく左右される。そのため、作物の置かれている環境を知ることが重要である。また、広い地域の動向をドローンなどの航空機により撮像し、結果を遠隔で調査するなど、環境を自動や遠隔で計測することは電子応用技術によって解決できる。
(2) 制御技術
　計測されたデータを使って、自動機械を制御することは電子応用技術の得意とするところである。具体的には、位置情報を使って複数のトラクターを自動走行させて、耕運や収穫を行うことにより省力化が図れる。また、ハウス内の環境を計測したデータを使って、温度や湿度、二酸化炭素量を増減させる操作を自動制御することによって、省力化と収穫量の増加を図れる。
(3) 人工知能技術
　計測した結果や制御の方法などを、個別の農業技術者の経験値に頼っていたのでは、優秀な技術の伝承はできない。それに対し、優秀な結果を出している技術者の暗黙知を形式知に変え、人工知能を使って、誰もが活用できるようにしていくことで解決が図れる。

●裏面は使用しないで下さい。　●裏面に記載された解答は無効とします。

24字 ×25行

令和元年度 技術士第二次試験答案用紙

受験番号	0 4 0 3 B 0 0 X X	技術部門	電気電子 部門	※
問題番号	Ⅲ－2	選択科目	電子応用	
答案使用枚数	3 枚目 3 枚中	専門とする事項	遠隔制御	

○受験番号、問題番号、答案使用枚数、技術部門、選択科目及び専門とする事項の欄は必ず記入すること。
○解答欄の記入は、1マスにつき1文字とすること。(英数字及び図表を除く。)

3．解決策に共通して新たに生じうるリスク

　農業は自然との闘いであると同時に、自然との調和を求められる産業であり、工業分野における計測制御技術とは違った面を持っている。実際に、自然環境は時代とともに変化していくだけではなく、災害等の影響も大きい。また、栽培する産物も交配等によって性質が変化していく場合もある。実際に地球温暖化の進展により、その地域でできる作物にも変化が生じてきているだけでなく、外来生物による新たな農業への脅威も発生してきている。そういった変化に対応して新たな知見を創り上げていくためには、経験の長い技術者の知識と判断力が今後も必要である。過去の経験や判断による知識を継承していくだけでは、新たな変化には十分対応できず、農産物の収穫量が大きく減少するリスクが生じる可能性がある。

4．リスクへの対策

　計測技術や制御技術については、工業分野の技術がそのまま転用でき、新たな技術が生まれた場合には、その技術を農業にも導入するのは難しくはない。しかし、農業特有の技術分野における判断能力に関する知能部分は、継続的に人が介在する必要がある。そのためには、人工知能に置き換えた部分の継続的な人的関与が必要である。また、人工知能に置き換えた部分の根拠や条件の内容がブラックボックス化しないような対応も十分に検討しておく必要がある。　　　　以上

●裏面は使用しないで下さい。　●裏面に記載された解答は無効とします。　　　　　24字×25行

(2) 情報通信

○　都市部における人口集中は、世界的にいろいろな問題を引き起こす原因
になっている。こうした人口集中によって生じる問題の1つに、道路交通
渋滞が挙げられ、その解消は重要である。我が国の都市部における道路交
通渋滞の解消に向けて、情報通信分野の技術者として、以下の問いに答え
よ。　　　　　　　　　　　　　　　　　　　　　　　　　　　　（R1－2）

(1)　道路交通渋滞の解消を考えたとき、技術者としての立場で多面的な観
　　点から課題を抽出し分析せよ。

(2)　抽出した課題のうち最も重要と考える課題を1つ挙げ、その課題に対
　　する解決策を3つ示せ。

(3)　解決策に共通して新たに生じうるリスクとそれへの対策について述べ
　　よ。

令和元年度　技術士第二次試験答案用紙

受験番号	0 4 0 4 B 0 0 X X	技術部門	電気電子 部門	※
問題番号	Ⅲ－2	選択科目	情報通信	
答案使用枚数	1 枚目 3 枚中	専門とする事項	情報通信ネットワーク計画	

○受験番号、問題番号、答案使用枚数、技術部門、選択科目及び専門とする事項の欄は必ず記入すること。
○解答欄の記入は、1マスにつき1文字とすること。(英数字及び図表を除く。)

```
1．都市部における道路交通渋滞の解消の課題
　道路交通渋滞は、時間ロスによる経済的な損失が大
きいだけではなく、排気ガスに含まれる二酸化炭素の
排出も増え、環境にも悪影響が生じる。
(1)我が国の道路網
　我が国においては、古い町並みを継承している場所
が多く、土地の権利問題もあり、合理的な道路網の構
築が難しい。また、幹線道路においても拡張が難しい
ため、経済や社会体制の変化に合わせた道路の再構築
が非常に難しいという課題がある。
(2)道路状況の情報収集及び配信
　道路交通量は、曜日や時間、その日に発生するイベ
ントなどの状況によって変化するだけでなく、交通事
故などの突発的な事象によっても道路の状況が大きく
変化する。しかし、最新の情報を適宜収集する仕組み
がない。また、地域的な交通情報の配信については、
ラジオ放送などの従来の手法以外に、画期的な手法が
採用されていないため、う回路の選定などの点で運転
者に的確な情報が流されていない。
(3)道路交通制御の固定化
　道路交通の制御は信号機による制御しか行われてな
く、その制御も時間制御という古くからのやり方が一
般的になっている。そのため、事故やイベントによる
交通渋滞が発生しても、それを解決する画期的な手法
がないのが現状である。
```

●裏面は使用しないで下さい。　●裏面に記載された解答は無効とします。　　　　24字×25行

令和元年度　技術士第二次試験答案用紙

受験番号	0 4 0 4 B 0 0 X X	技術部門	電気電子　　部門	※
問題番号	Ⅲ—2	選択科目	情報通信	
答案使用枚数	2 枚目　3 枚中	専門とする事項	情報通信ネットワーク計画	

○受験番号、問題番号、答案使用枚数、技術部門、選択科目及び専門とする事項の欄は必ず記入すること。
○解答欄の記入は、1マスにつき1文字とすること。（英数字及び図表を除く。）

2．道路交通情報の収集と配信の課題と解決策
　　道路交通の情報を収集し、適切に配信することがで
きれば、利用者の自主的な判断によって、道路交通渋
滞による損失が回避できると考えられる。
（1）道路施設側による情報収集
　　道路の交通情報を収集するセンサを道路施設側に備
えることによって、道路の最新の状況を把握するこ と
ができる。渋滞の長さや渋滞の原因となる事象の把握、
駐停車車両の状況を的確に確認できれば、道路の渋滞
が短期的なものか長期化するかが判断できる。また、
気象情報との連携により、天気の変化に伴う交通渋滞
の可能性も推測できるようになる。
（2）コネクティッドカーからの情報発信
　　個々の車の進行方向及び目的地が事前にわかれば、
先の道路の渋滞を予測することが可能になる。また、
個々の車の走行速度が情報として上がってくると、道
路の混み具合もわかるようになってくる。そのため、
コネクティッドカーがセンサや情報端末として機能す
るようになることで、交通渋滞対策が事前に図れる。
（3）ナビゲーションシステムへの情報発信
　　道路施設やコネクティッドカーから収集した情報を
使って、以後の交通渋滞の回避を図るためには、個々
の車への情報発信が欠かせない。その判断を個人に委
ねる方法もあるが、ナビゲーションシステムに情報を
伝え、機械的な判断を行わせる方法も有効である。

●裏面は使用しないで下さい。　●裏面に記載された解答は無効とします。　　　　24字×25行

令和元年度　技術士第二次試験答案用紙

受験番号	0 4 0 4 B 0 0 X X	技術部門	電気電子 部門	※
問題番号	Ⅲ－2	選択科目	情報通信	
答案使用枚数	3 枚目　3 枚中	専門とする事項	情報通信ネットワーク計画	

○受験番号、問題番号、答案使用枚数、技術部門、選択科目及び専門とする事項の欄は必ず記入すること。
○解答欄の記入は、1マスにつき1文字とすること。（英数字及び図表を除く。）

3．解決策に共通して新たに生じうるリスク
　前項に示した解決策は、言い換えると交通システム
のインテリジェント化ということができる。そういっ
た場合には、当然インターネットを介して情報の流通
や交通制御が行われるので、情報セキュリティの問題
が発生する。その場合、悪意を持った行為者によるシ
ステムの操作や、ウイルスによるシステムの機能停止
などの問題を発生させる可能性は否定できない。
　また、今後は車のインテリジェント化や自動運転化
が進んでいくと考えられるので、そういったシステム
の欠陥による交通事故の発生リスクが生じる。
　さらに、交通システムの誤動作や停止は、交通渋滞
や交通事故の誘発原因ともなるので、個々の機器やシ
ステム全体の信頼性による問題発生リスクも生じる。
4．リスクへの対策
　情報セキュリティに関しては、継続的な情報セキュ
リティの対策実施と、インターネットの状態の常時監
視体制が欠かせない。そういった監視システムへの人
工知能技術応用なども今後は図られていく必要がある。
また、自動運転システムについても、自動運転レベル
が上がるに伴って、リスクが高くなるのは間違いな
ので、センサシステムや判断システムの高度化や進化
を進めなければならない。さらに、交通システムの信
頼性向上も必要であるが、そういった点で情報通信技
術者の活躍分野は広いと考えている。　　　　　以上

●裏面は使用しないで下さい。　●裏面に記載された解答は無効とします。

24字×25行

（3）電気設備

○　我が国では、再生可能エネルギーを、2030年度にはエネルギーミックスにおける比率で22〜24％を達成させるとともに、その後も持続的に普及拡大させ、主力電源とする計画がある。そのためには、再生可能エネルギーが固定価格買取制度（FIT）に頼らない電源となる必要がある。2009年に開始された余剰電力買取制度（2012年にFITに移行）の適用を受けた10 kW未満の住宅用太陽光発電設備が2019年11月以降、順次10年間の買取期間を終了することや、10 kW以上の太陽光発電設備についても今後、順次20年間の買取期間が終了することを踏まえ、以下の問いに答えよ。

（R1－1）

(1) 技術者としての立場で多面的な観点から課題を抽出し分析せよ。

(2) 抽出した課題のうち最も重要と考える課題を1つ挙げ、その課題に対する複数の解決策を示せ。

(3) 解決策に共通して新たに生じうるリスクとそれへの対策について述べよ。

令和元年度　技術士第二次試験答案用紙

受験番号	0 4 0 5 B 0 0 X X	技術部門	電気電子　部門	※
問題番号	Ⅲ－1	選択科目	電気設備	
答案使用枚数	1 枚目　3 枚中	専門とする事項	施設電気設備	

○受験番号、問題番号、答案使用枚数、技術部門、選択科目及び専門とする事項の欄は必ず記入すること。
○解答欄の記入は、1マスにつき1文字とすること。（英数字及び図表を除く。）

1．再生可能エネルギー導入拡大の課題
　再生可能エネルギーは、今後も導入を拡大していく必要があるが、次のような課題がある。
（1）導入コストの低減
　我が国では、再生可能エネルギーを導入する場合、海外に比べて導入コストが高くなっている。そのため、導入促進のために補助金等の制度が必要となっている。そういった制度にかかる費用は、最終的にユーザーの電気料金に反映されるため、導入コストの大幅削減が求められている。
（2）送電線網の再整備
　現在の送電線は、これまでの原子力発電所や火力発電所の立地に合わせて整備されており、新たに再生可能エネルギーを計画しても、そこで発電した電力を需要地まで送電できない場合もある。また、現在の送電線は、各電力会社が独自に整備したものであり、電力の相互融通や共助を行うのは難しい。
（3）電力の安定供給の維持
　再生可能エネルギーの多くは、時間や自然環境の変化によって発電量が大きく変動するものが多く、供給の面で不安定さを持っている。電力は、同時同量という基本的な前提があるため、供給量と需要量が合わないと、電力網全体の安定性に悪影響を与える。そのため、電力を安定して供給できる体制を維持するための仕組みが必要となる。

●裏面は使用しないで下さい。　●裏面に記載された解答は無効とします。　　　　　24字×25行

令和元年度　技術士第二次試験答案用紙

受験番号	0405B00XX	技術部門	電気電子　部門	※
問題番号	Ⅲ－1	選択科目	電気設備	
答案使用枚数	2 枚目 3 枚中	専門とする事項	施設電気設備	

○受験番号、問題番号、答案使用枚数、技術部門、選択科目及び専門とする事項の欄は必ず記入すること。
○解答欄の記入は、1マスにつき1文字とすること。（英数字及び図表を除く。）

2．電力の安定供給の維持への解決策
　電力の安定供給を維持するための解決策として次のようなものがある。
（1）多様な再生可能エネルギーの導入
　再生可能エネルギーは、その種類によって発電特性が変わってくるので、多様な再生可能エネルギーの導入を計画する。地熱発電のように安定的な発電ができる電源と、太陽光発電のように導入が容易であるが不安定な電源を組み合わせた導入を推進する。
（2）蓄電・蓄熱技術の活用
　電力の安定供給を図るために、余剰電力を蓄電し、不足する時間帯に供給できる蓄電設備の導入が必要である。また、電気として蓄えるだけではなく、需要家内に蓄熱装置の導入を図り、余剰電力の消費とともにピーク電力の削減を行う方法も有効である。
（3）エネルギーマネジメントシステムの導入
　電力の需要と供給を供給側だけで調整するだけでは限界があるため、需要側でも調整ができる仕組みが必要となる。そのためには、不要な機器の停止やピーク時に需要調整ができるようなマネジメントシステム、加えて、柔軟な価格体系などの制度的な施策の制定が必要となる。また、今後は電気自動車などの導入が進むこともあるため、場合によっては、電気自動車の電池から電力を供給するなどの、多面的な技術の開発も合わせて行っていく必要がある。

●裏面は使用しないで下さい。　●裏面に記載された解答は無効とします。　　　　24 字 ×25 行

令和元年度　技術士第二次試験答案用紙

受験番号	0 4 0 5 B 0 0 X X	技術部門	電気電子 部門	※
問題番号	Ⅲ—1	選択科目	電気設備	
答案使用枚数	3 枚目 3 枚中	専門とする事項	施設電気設備	

○受験番号、問題番号、答案使用枚数、技術部門、選択科目及び専門とする事項の欄は必ず記入すること。
○解答欄の記入は、1マスにつき1文字とすること。（英数字及び図表を除く。）

3．解決策に共通して新たに生じうるリスク
　電力の安定供給については、全体の調整ができるため
の余裕設備の準備が必要となる。また、送電線を含
めて、電力の連系が常に適切に維持されるような冗長
化や協力体制が整備されなければならない。しかし、
自然災害などの発生などによって、特定地域の電力シ
ステムに大きな影響が及ぼされる場合もある。最近で
は、スーパー台風などの発生が多くなってきており、
比較的広い地域に影響を及ぼしているため、重要な電
力設備に大きなダメージがあり、影響が大きくなるリ
スクがある。また、電力システム全体のエネルギーマ
ネジメントを実施した場合には、情報セキュリティの
面で、システム全体が停止させられるというリスクが
顕在化する可能性は否定できない。
4．リスクへの対策
　自然災害に対しては、システム全体から切り離して、
健全な分散型電源が独自に機能できるような対策が必
要となる。そういった電源を使って、緊急時に機能し
なければならない対策本部や病院等の拠点施設をでき
るだけ早期に復旧し、機能回復を図ることは二次災害
の減災対策にも繋がる。また、情報セキュリティ対策
については、全電力事業者の協力のもとに計画され、
実施される体制が事前に整備されている必要があるの
で、そういった対応が可能となる制度や組織の創設も
早期に実現する必要がある。　　　　　　　　　以上

●裏面は使用しないで下さい。　●裏面に記載された解答は無効とします。

24字×25行

4. 必須科目（Ⅰ）の解答例

○　我が国の人口は、2008年をピークに減少に転じており、2050年には1億人を下回るとも言われる人口減少時代を迎えている。人口が減少する中で、電気電子技術は社会において重要な役割を果たすものと期待され、その能力を最大限に引き出すことのできる社会・経済システムを構築していくことが求められる。　　　　　　　　　　　　　　　　　　　　　　（R1−2）

(1) 人口減少時代における課題を、技術者として多面的な観点から抽出し分析せよ。解答は、抽出、分析したときの観点を明記した上で、それぞれの課題について説明すること。

(2)（1）で抽出した課題の中から電気電子技術に関連して最も重要と考える課題を1つ挙げ、その課題の解決策を3つ示せ。

(3) その上で、解決策に共通して新たに生じうるリスクとそれへの対策について、専門技術を踏まえた考えを示せ。

(4)（1）〜（3）の業務遂行において必要な要件を、技術者としての倫理、社会の持続可能性の観点から述べよ。

令和元年度　技術士第二次試験答案用紙

受験番号	0405B00XX	技術部門	電気電子 　部門	※
問題番号	I－2	選択科目	電気設備	
答案使用枚数	1 枚目 3 枚中	専門とする事項	建築電気設備	

○受験番号、問題番号、答案使用枚数、技術部門、選択科目及び専門とする事項の欄は必ず記入すること。
○解答欄の記入は、1マスにつき1文字とすること。(英数字及び図表を除く。)

1．人口減少時代における課題の分析
　我が国の人口は今後急激に減少していくとともに、高齢者率も高まっていくことが確実である。そのため、次のような課題に立ち向かう必要がある。
（1）ビジネス社会からみた課題
　人口減少とともに、生産年齢人口が減少していくため、生産やサービスに従事する人が減り、経済活動が低迷する可能性がある。また、輸出立国である我が国は、国際競争力の観点や新技術の開発の観点からも、他国に遅れをとる危険性もある。
（2）消費経済からみた課題
　高齢者で仕事を辞めた人が増えると、消費に回すお金が減ってくるので、消費の面で経済が衰退する可能性がある。それは経済社会の低迷の要因ともなり、国力が衰える結果にもなりかねない。
（3）地域社会からみた課題
　人口減少は、全国一律に進むのではなく、減少が大きい地域とそれほどでもない地域に分かれる。そのため、特定の地域の減少率が高くなる危険性がある。大きく減少した地域では、過疎化が進み、経済力が大きく衰退する。また、高齢者の中には日々の生活で必要な資材の購入活動も含めて、移動手段がなくなっていくので、生活に困窮する危険性がある。また、介護などに従事する労働力の確保も難しくなり、高齢者の生活が脅かされる危険性がある。

●裏面は使用しないで下さい。　●裏面に記載された解答は無効とします。　　　　24字×25行

令和元年度　技術士第二次試験答案用紙

受験番号	0 4 0 5 B 0 0 X X	技術部門	電気電子 部門	※
問題番号	Ⅰ－2	選択科目	電気設備	
答案使用枚数	2 枚目 3 枚中	専門とする事項	建築電気設備	

○受験番号、問題番号、答案使用枚数、技術部門、選択科目及び専門とする事項の欄は必ず記入すること。
○解答欄の記入は、1マスにつき1文字とすること。（英数字及び図表を除く。）

2．電気電子技術で最も重要と考える課題と解決策
　これからの電気電子技術に期待される重要な課題と
しては、地域社会からみた課題の解決である。その解
決策として次のようなものが考えられる。
（1）高齢者の移動手段の確保
　人口減少によって利用者が減った地域の公共交通の
廃止が続くとともに、高齢者の運転による事故が増え
ており、高齢者にとって移動手段の確保が重要となっ
ている。その解決策として、自動運転技術の実現が挙
げられる。自動運転は、センサ技術、制御技術、人工
知能など、電気電子技術が大きく係わる分野であるの
で、電気電子技術者として貢献ができる分野である。
（2）高齢者介護の自動化
　介護は、重労働作業が大きな比率を占める分野であ
る。そういった分野ではロボットの活用が期待されて
いる。また、作業だけではなく、対面会話を行い、高
齢者の精神的な面でのサポートができる会話ロボット
なども、今後は活用されていくと考える。
（3）高齢者の安全の確保
　高齢者は、何らかの点で身体的な衰えを感じている。
それを補うような補助機器や日々の健康を管理してい
くための機器やシステムの開発において、電気電子分
野の技術者が活躍する場面は多い。また、災害時や緊
急時の情報を適切に伝えるためにも、情報通信技術の
活用が期待されている。

●裏面は使用しないで下さい。　●裏面に記載された解答は無効とします。

24字×25行

令和元年度　技術士第二次試験答案用紙

受験番号	0 4 0 5 B 0 0 X X	技術部門	電気電子　部門	※
問題番号	I－2	選択科目	電気設備	
答案使用枚数	3 枚目　3 枚中	専門とする事項	建築電気設備	

○受験番号、問題番号、答案使用枚数、技術部門、選択科目及び専門とする事項の欄は必ず記入すること。
○解答欄の記入は、1マスにつき1文字とすること。(英数字及び図表を除く。)

3．解決策に共通して新たに生じうるリスク
　高齢者は新しい機器やシステムの操作に自信がない
人が多いので、高齢者から敬遠されるというリスクが
ある。また、開発者が想定しない操作をする高齢者も
多いと考えるため、そういった場合に、想定しなかっ
たリスクが生じる可能性は否定できない。さらに、悪
意を持った者が危険を発生させようと意図することも
あるので、そういったリスクも考えられる。
4．リスクへの対策
　信頼性技術やシステム安全工学的な見地から、これ
までさまざまな手法が開発され、実行されてきている。
そういった技術を活用していくとともに、情報セキュ
リティの観点も含めてリスクマネジメントについて徹
底した検証が必要となる。また、最終的には危機管理
の手法も習得して、技術者としての知識と経験をフル
活用して業務を遂行できるよう、技術力を高めていく
必要がある。
5．業務遂行において必要な要件
　技術は日々進歩しているため、リスクについても新
たな事象が生まれている。そのため、常に新しい知識
を身につけ、それを反映した改良を続けていく必要が
ある。それでも、リスクが発現する可能性はゼロには
できないので、リスク発現時には適切なリスクコミュ
ニケーションが実施できる技術者として、倫理観や社
会的責任を果たす姿勢が求められる。　　　　以上

●裏面は使用しないで下さい。　●裏面に記載された解答は無効とします。　　　　24字×25行

おわりに

　現在の技術士第二次試験に出題されている問題は、過去の試験制度で出題されていた問題と比較すると、取り組みやすいものとなっています。しかし、問題の出題意図をつかめないままに答案を書き出してしまうと、結局は的外れな答案となり、合格点を超す評価に達することはできません。問題の出題意図は、問題文を何度も読み返して探るしかありませんが、出題される問題の要点をつかむための練習を事前にしておかなければ、本番の試験で出題意図を的確に理解することはできません。そのため、過去に出題された問題を使って要点をつかむ練習をしておく必要があります。少なくとも、技術士第二次試験で出題される内容は、現在の社会および技術の動向を反映したものである点はこれまで変わっていません。そういった試験の目的を理解して、ポイントを押さえた勉強ができれば、現在の技術士第二次試験は合格できると思います。具体的には、過去にどういった問題が出題されているのかを研究することによって、問題を作成する試験委員は現在どういった点に興味を持っているかを事前に認識することです。本著を使って、そういった感性を習得してもらいたいと思います。

　また、令和元年度試験からは、「技術士に求められる資質能力（コンピテンシー）」が公表されました。この内容をしっかり理解しておくことも重要です。試験委員は、この内容に従って問題を考えていますので、出題意図を理解するために重要な内容と認識して何度も読んでおく必要があります。中でも、必須科目（I）は、対象が技術部門全体になりますので、選択科目の範囲で問題を考えると、問題の意図を正確に把握できず、的外れな解答を書き出してしまう危険性があります。しかも、技術士試験は科目合格制となっていますので、必須科目（I）で合格点が取れないと、午後の時間に行われる選択科目（IIとIII）でいくら頑張っても合格できません。そういった点で、必須科目（I）の問題分析力は重要となります。

　一方、選択科目は選択科目（II）と選択科目（III）の合計で合格点をとれば

よいので、1つの問題でミスをしても、他の問題で挽回することができます。しかも令和元年度試験からは、選択科目（Ⅱ－1）は4問出題された中から1問を選択すればよくなりましたので、選択の幅は広がっています。また、選択科目（Ⅱ－2）は、受験者が実際に実施している業務プロセスを文章で説明できる力があれば合格できる問題となっています。ですから、自分で業務の本質を考えて日々仕事をしている技術者であれば、自然に解答が浮かんでくる問題が出題されています。

　このように、現在の技術士第二次試験は、一定の努力をすれば、皆さんがなりたいと考える技術士への門戸を広げています。一方、私たち技術士も継続研さんという手法で、新しい知識と見識を得るために日々努力をしています。技術士になるまでの努力は大変かもしれませんが、その技術力を維持するための技術士の研さんもまた大変です。しかし、技術士同士で学びあうこと自体が楽しみでもあるのです。技術者としての専門性を維持するだけではなく、より一層高めるためには、継続的な教育は欠かせないものであり、その中間点に技術士第二次試験の合格があると著者は考えています。

　最後になりましたが、多くの皆さんが筆記試験で手ごたえのある答案を作成され、晴れて口頭試験に挑戦されることを、心からお祈り申し上げます。

2019年12月

福　田　　遵

著者紹介──

福田 遵（ふくだ じゅん）

　技術士（総合技術監理部門、電気電子部門）

　1979年3月東京工業大学工学部電気・電子工学科卒業

　同年4月千代田化工建設(株) 入社

　2002年10月アマノ(株) 入社

　2013年4月アマノメンテナンスエンジニアリング(株) 副社長

　公益社団法人日本技術士会青年技術士懇談会代表幹事、企業内技術士委員会委員、神奈川県支部修習技術者支援委員会委員などを歴任

所属学会：日本技術士会、電気学会、電気設備学会

資格：技術士（総合技術監理部門、電気電子部門）、エネルギー管理士、監理技術者（電気、電気通信）、宅地建物取引主任者、ファシリティマネジャーなど

著書：『例題練習で身につく　技術士第二次試験論文の書き方　第5版』、『技術士第二次試験「建設部門」　要点と〈論文試験〉解答例』、『技術士第二次試験「電気電子部門」　要点と〈論文試験〉解答例』、『技術士第二次試験「機械部門」　要点と〈論文試験〉解答例』、『技術士第二次試験　「口頭試験」受験必修ガイド　第5版』、『技術士第二次試験「総合技術監理部門」　標準テキスト』、『技術士第二次試験「総合技術監理部門」　択一式問題150選＆論文試験対策』、『トコトンやさしい電気設備の本』、『トコトンやさしい発電・送電の本』、『トコトンやさしい熱利用の本』（日刊工業新聞社）等

技術士第二次試験「電気電子部門」過去問題
〈論文試験たっぷり100問〉の要点と万全対策　　　　NDC 507.3

2020 年　2 月 14 日　初版 1 刷発行　　　　　　（定価は、カバーに表示してあります）

　　　　　　　　　　　Ⓒ 著　者　　福　田　　　　遵
　　　　　　　　　　　　発行者　　井　水　治　博
　　　　　　　　　　　　発行所　　日 刊 工 業 新 聞 社
　　　　　　　　　　　　　　　　　東京都中央区日本橋小網町 14-1
　　　　　　　　　　　　　　　　　　　　（郵便番号 103-8548）
　　　　　　　　　　　　電話　書籍編集部　03-5644-7490
　　　　　　　　　　　　　　　販売・管理部　03-5644-7410
　　　　　　　　　　　　　　　FAX　03-5644-7400
　　　　　　　　　　　　　　　振替口座　　00190-2-186076
　　　　　　　　　　　　URL　http://pub.nikkan.co.jp/
　　　　　　　　　　　　e-mail　info@media.nikkan.co.jp

　　　　　　　　　　　印刷・製本　美研プリンティング
　　　　　　　　　　　組　　版　メディアクロス